天津市教育科学规划课题“本科生教育质量保障体系研究”（课题批准号：AIE210006）资助

通信工程类专业本科生教育质量保障体系研究

——以中国民航大学为例

宋　洋　著

群众出版社

图书在版编目（CIP）数据

通信工程类专业本科生教育质量保障体系研究 ：以中国民航大学为例 / 宋洋著. -- 北京 ：群众出版社，2025. 3. -- ISBN 978-7-5014-6456-2

Ⅰ. TN91

中国国家版本馆 CIP 数据核字第 2025U4J619 号

通信工程类专业本科生教育质量保障体系研究

——以中国民航大学为例

宋　洋　著

责任编辑：宿　静
责任印制：王晓博

出版发行：群众出版社
地　　址：北京市丰台区方庄芳星园三区 15 号楼
邮政编码：100078
印　　刷：涿州市新华印刷有限公司

版　　次：2025 年 3 月第 1 版
印　　次：2025 年 3 月第 1 次
印　　张：11.5
开　　本：787 毫米×1092 毫米　1/16
字　　数：192 千字

书　　号：ISBN 978-7-5014-6456-2
定　　价：49.00 元

网　　址：www.qzcbs.com
电子邮箱：qzcbs@sohu.com

营销中心电话：010-83903991
读者服务部电话（门市）：010-83903257
警官读者俱乐部电话（网购、邮购）：010-83901775
教材分社电话：010-83903084

前　言

习近平总书记指出："建设教育强国，龙头是高等教育。"作为教育、科技、人才三位一体发展的结合点，高等教育发展水平关乎一个国家的科技创新力和人才竞争力，是国家发展水平和发展潜力的重要标志。我国已建成世界最大规模的高等教育体系，高等教育整体水平进入世界第一方阵。[①] 高校是高等教育的重要主体，高校本科生教育质量不仅影响学校未来的发展，还影响毕业生的就业情况。因此，优化完善本科生教育质量保障体系十分必要。

本书依据高质量发展理念，采用文献资料法、访谈法、内容分析法和比较研究法，在对国内外高校的本科生教育质量现状及其影响因素进行调查和比较分析的基础上，根据新时代党和国家对通信工程类本科专业人才的总体要求及社会的现实需求，以中国民航大学通信工程本科教学作为研究和分析对象，探讨建立相应的教学质量评价和反馈体系，并基于层次分析法（AHP）分别建构了以培养方案、教师评价、学生评价、毕业要求指标达成度评价及就业率评价等为主的本科教学质量评价体系和以学生、教师、用人单位、学校四个子系统为主的本科教学质量反馈评价体系。同时设置了评价指标和各个指标的权重，为提升我国高校通信工程类专业本科生教学质量提供有益参考。

---

① 钟育文. 深入贯彻战略部署　全面构建"八大体系"　教育强国成于实干［N/OL］. 人民日报，2025-03-24(09)［2025-03-25］. http://paper.people.com.cn/rmrb/pc/content/202503/24/content_30063676.html.

本书编写过程中，参考了国内外诸多文献，在此向其作者表示感谢！由于笔者水平有限，本书难免存在疏漏之处，恳请广大读者批评指正，以便修订时进一步完善。

宋洋

2025 年 3 月

目　录

1 绪 论

1.1 研究背景及意义

当今，我国经济快速发展，对人才的需求也随之发生数量和结构上的变化。这不仅为高校带来了前所未有的机遇，也带来了新的挑战。如何在本科生教育大众化背景下建立能够促进人才培养的高层次化、社会适应化的教育质量保障体系成为社会关注的焦点。近年来，国家提出了建设创新型国家和人力资源强国的重要战略举措，优先发展教育事业已经成为我国发展的重要方向之一。提高高校教育质量成为我国教育事业发展的迫切需要。如何判断教学效果的好坏和资源的使用是否需要调整，需要通过教学信息反馈来体现。教学信息反馈是指投入教育资源后，其造成的影响或作用通过某种形式反馈回来。全成长期概念的引进，不仅要考虑学生理论学习，还要考虑学生实践实习，甚至就业发展的反馈信息；反馈信息既要涉及教师教学，也要涉及培养方案的调整。因此，建立更全面的教学信息反馈机制，建设完善的教学信息反馈平台，达到更好的教学质量，培养全面的科技型人才，以适应时代发展趋势，形成输入—反馈—输出的良性循环闭合回路，是对我国高校的教育建设提出的更高要求。

通信产业是我国经济最具活力、最具创新性的行业之一，20 世纪 90 年代开始其增速就超前于国民经济发展速度；通信也是国民经济和社会发展的基础设施，其技术发展已形成庞大产业，在国民经济中占据重要份额，是基础性、先导性、战略性、支柱性产业，成为我国抢占国际经济制高点的重要引擎。随着国内经济发展方式的转变、产业结构的转型升级和经济驱动要素的转变，通信产业将成为我国经济可持续发展的主力军，肩负起新的重大战略使命。同时，通信更是民用航空通信、导航、监视及空中交通管理的基础，为民航运输航空和通用航空的安全有效运行提供了关键的技术保障，也是各类民航空管新技术直接依赖的基础技术。

本书聚焦于中国民航大学通信工程专业，研究本科生教育质量的保障体系与措施。2021 年 6 月 11 日，中国工程教育专业认证协会发布了 2020 年度认证结论，通信工程专业通过 AABI 认证，有效期从 2021 年 1 月至 2026 年 12 月。民航电信（通信、导航、监视及空管自动化）是我国民航持续安全高效运行保障的重要支柱，是支撑现代化空中交通管理的重要基石。随着我国经济的平稳发展，民航处于稳定成长期，是典型的“朝阳产业”。根据《“十四五”民用航空发展规划》，预计到 2025 年，民用运输机场数量达到 270 个以上，保障航班起降 1700 万架次，运输总周转量达到 1750 亿吨公里，旅客运输量 9.3 亿人次，货邮运输量 950 万吨。通航国家数量将超过 70 个，其中，共建“一带一路”国家数量超过 50 个；中国航空企业占我国国际货运市场份额超过 40%；推动机场与各种交通方式深度融合，实现枢纽机场轨道交通接入率达 80%的规划目标。体现智慧出行的千万级机场旅客全流程无纸化能力、行李全流程跟踪服务水平，预计到 2025 年分别达到 100%和 90%；体现智慧物流的货运单证电子化率达到 80%；体现智慧运行的千万级以上机场近机位靠桥率达到 80%。此外，空管系统新增主要装备国产化率、主要企业科技研发投入占比也被作为体现创新智慧的指标纳入规划，预计到 2025 年分别达到 80%和 1%。同时，中国民航正在大力推进国际民航组织（ICAO）倡导的新航行系统（CNS/ATM）的应用，通用航空、智慧机场、北斗卫星导航系统和“大飞机”等国家战略项目也在加速实施，民航通信、导航、监视及空管自动化设备的国产化正稳步推进。行业和社会的巨大需求为本专业的人才需求及发展带来了巨大空间，从事工程应用、系统开发和设计、生产制造、项目管理等工作的高素质应用型人才，特别是复合型人才的需求将进一步加大。具体表现在如下六个方面：

1.1.1 民航企业对通信、导航、监视及空管自动化技术人才的需求将持续旺盛

新时代民航强国战略提出了“一加快、两实现”的进程安排，即到 2020 年，加快由航空运输大国向航空运输强国的跨越；到 2035 年，实现由单一的航空运输强国向多领域民航强国的跨越；到 21 世纪中叶，实现由多领域民航强国向全方位民航强国的跨越。中国民航的高速、高质量发展离不开大量的

通信、导航、监视及空管自动化技术人才，坚守飞行安全底线离不开通信、导航、监视及空管自动化的技术保障。在新时代民航强国战略的实施进程中，空中交通管理部门、机场、航空公司及相关民航企业对通信工程专业领域的工程技术人员的需求量持续保持高增长态势。同时，PBN、ADS-B、GLS 等航行新技术的应用对通信、导航、监视及空管自动化的人才培养也提出了高质量的要求。

据统计，在每年新增的中国民航通信、导航、监视岗位中，中国民航大学通信工程专业的毕业生占有份额超过 10%，重点分布在中国民航各地区管理局、首都国际机场、上海虹桥机场、广州白云机场、中国国际航空公司、中国民航科学技术研究院、中国民航机场建设集团、上海民航新时代机场设计院有限公司等民航相关部门和企业。

1.1.2 民航通信导航监视及空管自动化设备的国产化为人才需求提供了新的机遇

我国要实现民航强国的战略目标，通信导航监视及空管自动化设备的国产化是中国民航发展的必然趋势和需求。《“十四五”民用航空发展规划》提出，到 2025 年我国空管系统新增主要装备国产化率将由 2020 年的 60%提升至 80%。空管系统技术门槛高，公司具备卡位优势。首先是技术壁垒。空管系统作为民航空中交通管理的核心和关键，在可靠性、稳定性、安全性、可维护性、性能指标等多个方面均有很高的技术要求。各类空管系统涉及信息处理、通信、网络、导航、雷达、图像图形处理、生物识别、人工智能等众多高端前沿技术，并逐步应用到空管系统中，形成了具有较高门槛的监视数据处理、飞行计划数据处理、流量管理等专业核心技术，掌握相关技术并形成可靠产品需要多年的研发积累、技术沉淀和市场验证。其次是资质壁垒。该行业市场参与者必须具备完善的资质、许可、认证。各类空管系统投入使用前其产品技术指标均需符合国家有关标准和规章并经过多重测试、验证、鉴定。这些过程通常涉及严格审核审批程序，验证周期较长。因此，民航通信、导航、监视及空管自动化设备的国产化为通信工程类专业的人才需求提供了新的机遇，同时也对通信工程类专业的人才培养方案和培养体系等提出了新的要求。

中国民航大学通信工程专业抓住民航通信、导航、监视及空管自动化设备的国产化这一重要的发展契机，在人才培养上通过一系列实践教学环节、创新创业训练，以及工程实践项目，提高学生的工程实践能力、设计能力和复杂工程问题的分析与解决能力。近五年，通信工程专业毕业生进入我国通信导航监视设备、空管自动化设备、卫星通信和卫星导航等相关研发制造企业的人数呈现增长趋势，其中包括四川九洲电器集团有限责任公司、成都天奥科技开发有限公司、天津七六四通信导航技术有限公司等。此外，华为技术有限公司、广州海格通信集团股份有限公司、中国电子科技集团有限公司等过去仅面向“双一流”院校招收毕业生的单位也来中国民航大学招收通信工程专业毕业生。

1.1.3 通用航空产业转型升级存在巨大人才缺口，亟须通信、导航、监视专业人才

为全面建成保障有力、人民满意、竞争力强的一流航空运输强国，中国民用航空局发布了《新时代新征程谱写交通强国建设民航新篇章行动纲要》，该纲要指出，要准确把握通导发展机遇和世界一流空管建设的通导工作目标，把未来工作思路和重点及着力点聚焦到助力实现交通强国、民航强国和世界一流空管这个总任务上来。具体而言，做好通导工作需重点抓好以下六个方面的工作：一是以习近平总书记对民航安全工作的重要指示批示精神为根本遵循，以“时时放心不下”的责任感和“安全隐患零容忍”的态度，全面贯彻落实安全责任和安全生产的各项要求，守牢、守住安全底线；二是以“十四五”规划和通导业务专项规划为指导，积极推进设施、设备建设，优化通导服务模式，提升设备管理水平和服务水平，完善运行保障体系建设；三是发挥通信导航监视专业人才在智慧空管建设中的主力军作用，提高核心技术与装备自主可控水平，强化技术引领和设备支撑；四是积极推进“手册空管人”建设，补充完善通导技术标准、运行规范和业务指导手册，配合中国民用航空局空管办开展电信人员执照规章和配套规范性文件修订，继续建立健全法规标准体系；五是继续开展资质能力排查，深入做好排查数据的分析应用，促进岗位绩效考核和职称评聘，持续完善基于岗位胜任能力的培训体系，建立健全培训资源开发应用的统筹管理制度，不断加强人员队伍体系建设；六是坚持开放合作理念，坚持“引进来”与“走出去”并重，深入参与国际民航技术治理，加深国际交流合作。

现如今，我国通用航空产业正处于高速发展和深度转型的关键时期，截至 2023 年底，我国通用航空企业达 689 家，在册通用航空器 3173 架，通用机

场451个，全年作业飞行135.7万小时，但以行业平均水平人机比推算，以飞行员数量配比2：1、机务配比1：1、保障人员配比0.5：1进行测算，未来五年人才缺口均保持在1000人以上。造成这一现状的根本原因在于通用航空服务范围广、飞行任务复杂，对航空通信、导航和监视等基础设施的依赖程度越来越高，使通用航空企业在寻找既懂通信导航技术又了解航空运营管理的复合型人才时面临巨大挑战。

1.1.4 智慧机场建设需要大量具有民航背景的复合型通信工程类专业人才

根据2022年1月6日中国民用航空局发布的《智慧民航建设路线图》，到2025年，数字化转型将取得阶段性成果，初步实现出行一张脸、监管一平台，基本实现民航运行、服务、监管关键流程数字化，初步建成民航大数据管理体系；基本实现民航内外部数据顺畅流转和应用融合创新。自助设备、生物识别、无人驾驶航空器/设备、北斗导航、新一代航空宽带通信、航空物流自动化设备、航行新技术等先进智能技术装备在枢纽机场和航空公司等实现规模化应用。

“十四五”时期，我国将持续加大智慧机场投资规模。智慧机场运用现代信息和通信技术获取大数据，需要既充分了解民航背景并具备通信导航监视的知识体系结构，又对新兴的现代通信技术（如LTE宽带通信、5G等）具备相关的知识和技能的复合型通信工程类专业人才。中国民航大学通信工程专业人才培养兼具民航电信和现代通信两大背景，能够满足未来智慧机场的通信技术人才需求。

1.1.5 北斗卫星导航系统的应用为通信工程类专业的发展提供了前所未有的发展契机

北斗卫星导航系统是全球卫星导航系统的核心系统之一。全面加强北斗系统在民航领域的实践应用，是落实党和国家领导人对航空安全体系建设重要批示的关键措施，是推动空管体制改革进程的重要举措，是推动北斗系统全球应用的重要环节，是民航行业高质量发展的有力保障和民航强国建设的重要技术支撑。[①] 在广泛征求意见的基础上，民航局依据中国民航总体发展战

---

① 岳富占，孟斌，周中华，等. 北斗在民用航空器领域的应用和发展［J］. 卫星应用，2020（07）：17-21.

略与规划，根据空中航行服务需要，立足中国民航导航技术现状与发展需求，按照《北斗卫星导航系统交通运输行业应用专项规划（公开版）》要求，参照北斗系统建设与发展计划，结合国际民航组织相关要求编制，制定出台了《中国民航航空器追踪监控体系建设实施路线图》，如图 1-1 所示。

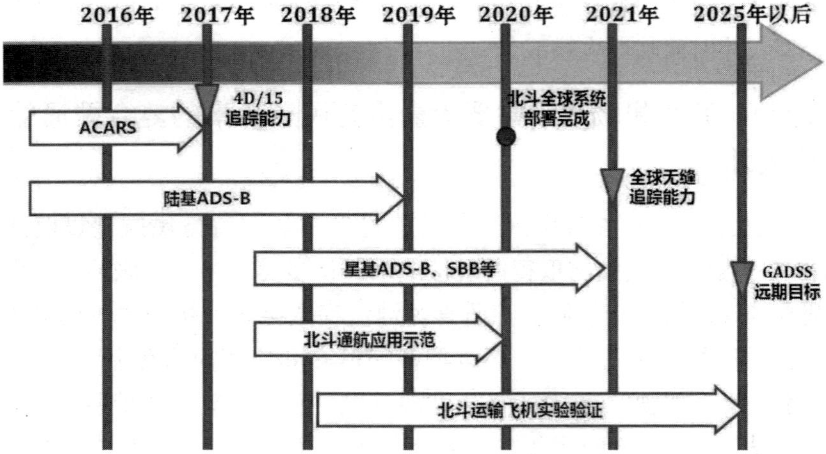

图 1-1　中国民航航空器追踪监控体系建设实施路线图

《中国民航航空器追踪监控体系建设实施路线图》提出，要坚持“服务国家战略，全面开放合作”“坚持以人为本，保证安全第一”“明确目标任务，兼顾稳健创新”三个基本原则，同时明确了民航法规标准体系建设、基础能力建设、航空运营人北斗运行能力建设、航空运营人空中航行服务能力建设、航空器定位信息共享、协同合作工作机制建设、宣传与培训等主要任务，这为通信工程类专业的发展带来了前所未有的机遇。① 首先，北斗卫星导航系统涉及卫星通信、信号处理、导航定位等多项尖端通信技术，为通信工程类专业提供了丰富的创新性研究课题和实践应用场景，如精准飞机定位导航、智能化航空安全管理等。这不仅拓宽了专业的研究视野，也为学生们创造了广阔的实践舞台，有助于培养他们运用尖端技术解决实际问题的能力，增强了实践导向。其次，北斗系统的地面基础设施建设，如遍布全国的监控站和接收终端，为通信工程类专业学生提供了宝贵的实践机会，使他们能够深入参与系统的规划、建设和维护，全面锻炼专业技能。这种实践体验不仅提升了

① 鲁海峰，张平松. 新形势下地学学科传统优势的发挥及发展思考［J］. 中国地质教育，2018，27（04）：64-67.

学生的动手能力，还增进了他们对民航通信系统运行机制的深刻理解，使其为未来投身行业做好充分准备。再次，北斗系统的研发和应用需要政府、企业与高校等多方主体深度协同合作，为通信工程类专业的师生搭建与行业深度融合的平台。学生可以与业界专家广泛交流，了解行业前沿动态，提高实践能力和培养创新思维。教师也可以将最新产业需求反馈到人才培养方案中，提升专业建设的针对性和实践导向。最后，北斗系统的广泛应用还催生了大量基于北斗技术的民航新兴应用与服务，为专业学生开拓了更多的创新创业机会，培养了他们的实践能力和创业思维。这不仅为学生的就业和发展提供了新的出口，也为通信工程类专业注入了强大的创新动力。

近五年，中国民航大学通信工程专业紧跟北斗系统发展，持续推进教学实践创新，培养了一大批掌握北斗技术并能将其应用于民航领域的优秀人才，并在北斗杯、挑战杯等各类科技竞赛、创新创业大赛、实验室建设和毕业设计中指导学生研制与开发基于北斗导航系统的作品百余件；其中，“北斗杯”全国大学生北斗应用创新大赛为专业学生展示实力的重要平台，中国民航大学通信工程专业总获奖人数名列全国第一，为国家民航事业的高质量发展作出了积极贡献。

1.1.6 “大飞机”国家战略项目的快速推进为通信工程类专业的人才培养提供了新机遇

当前，全球民用飞机制造市场处于美国波音和欧洲空客的“双寡头”垄断之下，这两家公司占市场份额的80%以上，而未来二十年全球商业客机需求量超过5万架，中国和亚太又是全球最具成长性的市场，未来二十年中国民航机队规模将达到现有机队规模的3倍，增加新飞机5600架，总价值7800亿美元。中国“大飞机”项目是建设创新型国家、提高国家自主创新能力和增强国家核心竞争力的重大战略决策，研制拥有完全自主知识产权的干线飞机是国家意志的体现。

因此，中国商飞等国内航空制造业企业将直接面对波音和空客同等机型的直接竞争。截至2023年底，C919累计值机执行商业航班655班，累计承运旅客近8.2万人次，目前也已接收了超1200架的C919飞机订单。国产“大飞机”量产亟须更多专业技能人才，这也为通信工程类专业的人才培养提供了新机遇。

通信导航系统监视是“大飞机”航空电子系统的重要组成部分，实现飞机和外部的话音及数据通信、机内通话、无线电导航等功能，用于引导飞机按预定航路飞行，是保证飞机安全可靠飞行的必备技术手段。近几年，通信工程类专业面向未来“大飞机”人才需求实施了多项教学改革，同时也承担了涉及“大飞机”的多项重大课题，越来越多的毕业生走向与“大飞机”有关的研究所和制造企业就业，如中国商用飞机有限责任公司、航空工业成都飞机工业（集团）有限责任公司等。因此，通信工程类专业的人才培养能够有效服务未来“大飞机”制造业。

总之，行业和社会的巨大需求是通信工程类专业发展及成功的基础。未来十年内，国家和天津市对航空航天领域、国防科技领域和电子信息领域的人才需求将保持旺盛状态，行业需求为通信工程类专业带来了更广阔的发展空间，也对该专业的人才培养和专业建设提出了新的挑战。中国民航大学通信工程专业正是以这一行业和社会需求为导向，结合学校“崇尚严实、致能致用”的办学特色，制定了专业培养目标，并不断创新人才培养模式，为民航电信领域和信息通信领域培养从事工程应用与系统运行、技术开发、项目管理等工作的高素质应用型人才。

1.2 国内研究综述

1.2.1 国内通信工程类专业现状

通信工程类专业作为电子信息类专业的代表性专业之一，在我国经历了多次专业归属和课程调整，从最初的作为电信组学科分组的形式逐渐演变成一门由无线电技术、通信技术、计算机技术等多门专业相互渗透、相互结合、相互补充发展而成的综合类电子信息工程专业。在当前全球信息技术高速发展的时代，通信技术在国家经济发展中的地位越来越重要，但我国电子信息工程类专业教育相较于国外起步晚，导致目前在我国的通信工程类专业培养模式下的教学信息反馈机制仍存在一定的问题。对于行业企业来说，天津市很多行业的生产正由劳动密集型逐渐向技术密集型转化，由对熟练劳动者和中初级人才的需求，转化为对高级人才的需求，这种高素质人力资源，需要通过高等职业教育，特别是应用本科生教育来提供。例如，电子、计算机、通信等行业随着科学技术的发展及广泛运用，使高新技术在行业内所占比重逐渐加大，行业内技术手段的不断更新、原有业务的广泛拓展，以及经营多元化，使大力发展与地区行业对人才需求相符合的应用本科生教育成为当务之急。

在当前通信人才数量较少、培养需求比较迫切的大背景下，对我国通信工程类专业的教育培养模式进行优化与改革是必不可少的。以通信工程类专业本科生入学教育的几点研究为例，通信技术是当前3C信息化时代的主流技术，它结合了电子、计算机两大专业的特点，以现代的声、光、电技术为硬件基础，辅以相应的软件和网络，实现信息的交换。它是一门应用学科，必须与其他学科协同发展。本专业面向当今的高科技行业，面向工业、工程技术领域的生产、建设、管理、服务等领域的高级技术人员。工业发展如此迅速，对学生的知识和技能要求有持续的学习与更新，而工程活动并非一个封闭的、孤立的体系，其发展依赖于人的实际运用，因而涉及自然、社会、人文、精神等多个层面。国内的通信工程类专业涵盖通信原理、电路原理、信号处理、通信网络、移动通信、光纤通信、卫星通信等方面的课程内容。随着技术的进步和行业需求的变化，一些高校也开始引入物联网、5G与6G技术、网络安全等前沿领域的课程。国内通信工程类专业注重实验和实践教学。学生参与到通信系统的设计、调试和实验中，进行实际的硬件搭建和软件编程。一些高校还与通信设备供应商或通信公司合作，建立实验室和实践基地，营造更为实际和先进的实践环境。为了与行业接轨，国内通信工程类专业注重产学研结合。学校与通信设备供应商、运营商，以及科研机构合作，开展科研项目、实践项目和产学联合培养计划。这种合作模式有助于学生接触最新的技术和行业动态，从而提高就业竞争力。除了培养通信工程技术人才，国内通信工程类专业也开始注重培养具备创新能力、实践能力和团队合作精神的综合型人才。一些高校提供创新创业教育，鼓励学生参与科技创新和创业实践，培养学生的创新创业精神。国内通信工程类专业的研究方向日益丰富多样。除了传统的通信系统和网络技术研究，还涉及物联网、5G与6G技术、人工智能在通信领域的应用、网络安全等热门领域。研究方向的多样化为学生提供了更多的选择和发展机会。国内通信工程类专业也积极与国外高校和机构展开合作与交流。学生有机会参加海外交流项目、学术研讨会和国际竞赛等，从而开阔国际视野和丰富跨文化交流经验。

总体而言，国内通信工程类专业在迅速发展，注重实践教学、产学研结合，以及创新创业教育。随着科技的进步和行业的发展，通信工程类专业将继续适应和引领信息通信技术的发展趋势，培养更多高素质的专业人才。

1. 2. 2 当前信息反馈模式下存在的主要问题

1. 2. 2. 1 信息反馈不及时

信息反馈不及时主要表现在两个方面：专业的培养方案陈旧和教学质量评价反馈效果差。国内开设了通信工程类专业的高校课程设置都比较偏重基础知识和理论教育，实践课程体系方面缺乏或过于薄弱。以中国民航大学通信工程专业的课程设置体系为例，通识教育类型的课程学分占比为45%；专业理论知识课程学分占比为55%，其中，专业选修课程学分占比为11.5%，实践教学环节课程学分占比为27%。实践教学环节中分为军训、形势与政策、金工实习等通识课程，因此通信工程类专业的知识实习，包括电子实验、物理实验等各项通信技术的设计与实操课程的占比大打折扣。也就是说，学生的课程中非实践课占绝大多数，而非实践课基本上只能通过一学期一次的教学质量评价进行反馈，由学生对任课教师进行评价，就教学态度、教学方式、教学效果进行打分，而在评分后该门课程就结束了，这导致教师进行调整和改进的积极性不高。与此同时，任课教师可能已经更换课程或者学生下学期课程又遇到新的教师，这种情况下可能又产生了新的问题，这就使该教学信息的反馈取得的效果微乎其微。

1. 2. 2. 2 实践课反馈质量不高

反馈质量不高主要表现在三个方面：一是实践课程与实习环节反馈方式单一，二是学生对于教学信息反馈的态度不认真，三是教师作为主体的权威属性影响反馈效果。首先，实践课程与实习环节反馈方式单一主要表现在我国目前的主要实践课程基本上为电场、电路等物理基础实验，实习为金工实习等传统性实习。实践课的反馈基本上没有督导或者同专业教师听课报告，绝大部分靠学生填写纸质的信息反馈表进行。其次，学生在教学信息反馈的认知上存在偏差，很多学生把教学信息的反馈当成一种学习任务来完成，并不在意是否能够形成正向反馈来提升自己的学习效果和对教师提出改进建议，这也就造成了学生在填写教学信息反馈表时可能并没有实事求是，抽象笼统的答案导致这种问卷式的表单实际意义不大。最后，我国学生特有的对教师主体权威性的尊重也是一个原因。受儒家文化等传统文化影响，尊师重道一直是我国提倡的中华民族优良传统之一。因此，学生在对教师进行质量评价时，除极个别例子外，对教师的反馈意见基本上都是优或良，满意度极高，而教学质量评价中提出建议的板块内容也是寥寥无几，很少有学生愿意花时间认真填写，对教师的课程教学质量改进作用不大。

1.2.2.3 反馈机制需要完善

反馈机制包含人才评价机制，不仅是对学生的评价机制，也包括对教师的评价机制。目前，我国的人才评价机制还停留在学分制传统性评价机制阶段。以课程的重要系数与学生在该门课程所获得的应试成绩进行加权评价，从而得出该学生在该专业的学习能力和学习效果，而对于教师的评价大部分由学生来进行评分，这也就可能带来主观上的不公平性，如有的教师上课态度比较严谨，对待学生比较严厉，虽然教学效果很好，但因某些情况，学生在学期末的教学质量评价中可能恶意给该教师打低分，反之，有的教师上课态度自由，教学态度和教学效果也只是一般，但是给偷懒的学生带来了便利，反而在学期末的教学质量评价中能拿到高分，这都是目前实际存在的情况。

人才评价是一门复杂的综合科学，靠过度量化的指标进行考核评价是不科学的，也是不适宜的。因此，如何调整和完善教学信息反馈机制，让学生和教师充分发挥主观能动性，公平、认真地对待各个教学信息反馈环节，提升教学质量和教学管理水准，也是我国本科专业教育改革需要面临的一大问题。

1.2.3 研究内容及思路

在“新工科”和“人工智能+”的时代背景下，以通信工程类专业为关键词，国内以中国民航大学为例，国外以美国与英国的一些著名大学为例，通过对比国内外现行的本科生教育体系下的基本状况、反馈机制、反馈模式等内容，分析异同点，找到对我国本科生教育模式有借鉴意义的内容，实现培养模式的优化，对我国现有本科生培养模式从入学选拔、大类招生、学制安排到多课堂设置，再到反馈平台建设等方面进行梳理。同时，建立教学质量反馈评价模型并进行评价，分析重要指标，通过建立以竞争为主导的激励机制，以能力为本位的人才培养机制，以智能化平台为载体的教学信息反馈机制，对我国现有本科生教学信息反馈模式进行优化。

1.3 国外研究综述

由于国外通信工程领域的建设和开发较早，国外高校建立了相对完善的通信工程类专业教育体系，主要包括较为全面的课程改革体系和反馈体系。在课程改革体系方面，涵盖电磁场理论、信号与系统分析、概率论与随机过程、数字信号处理，以及编码与信道编码等基础课程，旨在夯实学生的数学、物理基础及信息传输理论知识；与此同时，还设置了通信系统设计与仿真、通信系统集成与调试、通信系统测试与维护，以及通信工程项目实践等实践性强的课程，以增强学生的动手能力和丰富学生的工程实践经验。此外，为了紧跟行业发展，还开设了5G技术、物联网技术、人工智能在通信中的应用，以及量子通信技术等新兴技术课程。

1.3.1 国外通信工程类专业课程改革体系

尽管学术界针对国外通信工程类专业课程改革体系研究的重点不尽相同，但可以从以下两点进行回顾：

第一，国外相关高校在进行比较系统全面分析的基础上，主要研究整体性课程结构，分析和研究高校课程总目标，即从整体上把握各级各类学校或专业教育中各专业的培养目标，此研究热潮以美国最为瞩目。美国麻省理工学院CDIO课程模式，主要是MIT针对工程专业提出的课程改革模式，MIT意识到当代工程实践要求，在准确理解当代工程师所需知识和能力的基础上，提出了工程教育课程改革愿景，设定课程改革目标，并进行中微观层面的课程开发与课程设计，即完整的工程课程改革模式。CDIO课程模式不同于传统的课程，它更新课程理念、明确课程目标等，体现多维度的关联性，课程改革突出整体观，立足于专业层面。

第二，国外有关学者侧重研究某一高校的课程改革并提出实际性的改革方案，如凯勒·菲利斯（Phyllis Keller）的《抓住核心：哈佛大学的课程变革》，玛乔丽·嘉伯（Marjorie Garber）的 *General Education*，珍妮佛·霍克希尔德（Jennifer Hochschild）的 *Undergraduate Courses and The Real World* 等，都从不同角度研究分析了美国哈佛大学的课程改革，介绍其课程改革的指导思想、改革的实行措施、改革的效果，以及后续的影响，对哈佛大学、美国其他高校，以及其他国家高校的课程改革具有重要的启示，为此类研究提供了一定的参考价值。

从工程教育视角分析，国外高校工程专业课程的改革研究主要有两个方面：一是国外众多国家发表工程教育相关报告，如美国发表了《工程教育研究》《工程教育课程的目标和范围》《工程教育评价报告》《面对变化世界的工程教育》《2020 的工程师：新世纪的工程愿景》等研究报告。在此类报告中，也提出对工程教育课程的优化思想，在《工程教育研究》中提出恢复基础课程、统一工程课程设置的理念，并提出课程改革应趋于“专业化”；在《工程教育课程的目标和范围》中提出工程教育课程的目标和标准是服务公众、工业与专业，并促进学生个体自身发展；在《工程教育评价报告》中提出“工程教育的科学导向”的思想。加拿大发布了《加拿大工程教育的演进》《工程的未来》，加拿大关于工程教育课程的改革主要强调工程专业学生学习技能的培养。英国皇家工程院经过深入浅出的研究，发表了《高等工程教育》《培养 21 世纪的工程师——工业界的视角》《培养 21 世纪的工程师（最终报告）》。英国皇家工程院在《高等工程教育》中提出工程教育课程应为学生提供足够数量的设计课程以激发学生学习的动机，为高年级学生提供基于项目的学习；在《培养 21 世纪的工程师——工业界的视角》中指出工程专业课程应增加实践应用的内容，增加实习经历，将工业界的需求体现在课程体系中。这一系列报告对我国及全世界工程教育和工程专业课程优化的研究有着深远而长久的影响。二是 20 世纪 80 年代后以“大工程观”为背景的改革研究的目标主要是由科学回归工程，加强课程实验、工程实践和工程专业学生各种能力的培养。这一时期研究发现英国注重工程教育中课程体系的整体优化，课程设置具有较强的专业性，避免课程知识的冗余；德国主要是将工程教育改革与产学研相结合；美国提出工程教育应建立在科学与技术之上，并综合、合理地考虑经济、文化、环境等多种因素。

此外，在工程专业课程研究中，国外一些高校主要关注工程专业新生课程改革，在课程设计中进行跨学科整合，并注重培养学生的主动学习能力、创新思维及团队合作精神。有些研究是提供某一国家随着时代的发展工程教育课程设置的变迁，美国是典型代表之一。美国工程教育具有通才教育特征，但其工程专业教学采取的是“个性化”的方式，在课程设置上，注重安排学生实践课程，采取科研式和学校联合教学的综合式培养方式，旨在提高学生的主动性、实践性及研究能力。课程体系中主要包括核心课程、主修课程、选修课程三部分。

在早期的通信工程领域，传统课程设置主要侧重于基础理论知识和工程实践技能。课程内容包括电路理论、信号处理、通信原理、微波技术等。这些课程主要围绕着传统的通信系统和技术展开，培养学生的理论基础和实际操作能力。随着计算机科学和网络技术的迅速发展，通信工程类专业开始引入与计算机科学和网络技术相关的课程。这些课程涵盖计算机网络、网络协议、数据通信等内容，以适应信息时代的需求。这一改革使通信工程类专业的课程更加综合和跨学科，并培养学生在网络通信领域的专业能力。随着通信技术的不断发展，移动通信、卫星通信、光纤通信等新兴技术的引入成为课程改革的重要方向。这些前沿技术的课程内容涉及最新的通信标准、技术原理和应用案例，以培养学生对新技术的理解和应用能力。此外，随着物联网、5G与6G等技术的崛起，相关课程也逐渐成为课程改革的一部分。为了培养学生的实践能力和解决实际问题的能力，通信工程类专业采用实践导向的教学方法，包括实验课程、项目课程和工程实践等。学生将参与到真实的项目中，进行设计、测试和实施，并与实际行业合作伙伴进行合作。这种实践经验有助于学生将理论知识应用到实际情境中，并培养其解决问题和团队合作的能力。通信工程类专业开始与其他学科进行合作，以推动创新教育。例如，与计算机科学、电子工程、数据科学等学科进行合作，共同开设跨学科课程，培养学生的综合能力和创新思维。同时，创新和创业教育也逐渐成为课程改革的一部分，学生将学习创新思维、产品设计、商业模式等，并培养创业精神和创新能力。随着通信技术对社会的深刻影响，课程改革体系开始关注社会责任和伦理教育。学生将学习通信技术对社会、环境和个人的影响，并探讨如何在设计、开发和使用通信技术时考虑伦理与可持续性问题。这样的课程有助于培养学生的社会意识和道德素养，使他们成为有社会责任感的通信工程专业人才。

总体而言，国外通信工程类专业课程改革体系经历了从传统课程到综合跨学科课程的转变。它与科技发展保持同步，引入前沿技术、强调实践导向的教学方法、促进创新与创业教育，并关注社会责任和伦理教育。这些改革旨在培养具有全面素质和专业能力的通信工程专业人才，以适应不断变化的行业需求和社会发展。

1.3.2 国外通信工程类专业教学质量反馈评价体系

国外通信工程类专业的教学质量反馈评价体系通常包括以下四个方面：

1.3.2.1 课程反馈评价与改进

学校会定期收集学生对课程的反馈，可以通过匿名问卷调查、小组讨论、课堂反馈等方式进行。学生的反馈可以包括对课程内容的易理解程度、教学方法的有效性、学习资源的质量等方面的评价。这些反馈信息涵盖了学生的观点和意见，帮助学校了解学生的需求和挑战，并作出相应的改进。教师在每门课程结束后，通常会对自己的教学进行评价和反思。他们会回顾课程的设计和教学过程，评价教学方法的有效性，检查学生学习目标的达成情况，并思考如何改进教学策略和促进资源的使用。教师的自我评价有助于发现教学中存在的问题，并提出相应的改进建议。学校还会邀请校外组织对课程进行反馈评价，如英国的校外监督员制度，从其他高校聘请专家对学校教学质量进行评价，澳大利亚的一些高校会通过媒体和第三方网站主动接受社会监督，评价者会根据教学质量、学生参与度、教学目标的达成情况等方面提供评价意见，并提出改进建议。综上所述，课程反馈评价与改进在国外通信工程类专业的教学质量反馈评价体系中起着至关重要的作用。学生反馈、教师自我评价和校外组织评价提供了多个角度的观点和意见，帮助学校了解课程的优势和不足，并采取相应的改进措施。这种持续的反馈和改进过程有助于提高教学质量，确保课程内容与行业需求保持一致，并给学生提供优质的教育体验。

1.3.2.2 实践教学与实习

通信工程类专业通常会提供先进的实验室设施，供学生进行实践教学。这些设施包括通信设备、网络设备、信号处理设备等，可以让学生在模拟和实际环境中进行实验与操作。通过实验室实践，学生可以巩固课堂上学到的理论知识，并掌握实际工程操作的技能。通信工程类专业通常要求学生完成实习或工作实践，与行业合作伙伴进行实际工程项目的实践训练。学生有机会在真实的工作环境中应用所学到的通信工程知识，与行业专业人士合作，并了解行业标准和最佳实践。在实践教学和实习过程中，学生通常会有导师的指导和监督。导师是行业专业人士或学校的教师，他们会指导学生进行实践活动，解答问题，并提供反馈和建议。导师的指导帮助学生将理论知识与实践经验相结合，加深对通信工程领域的理解，并培养解决实际问题的能力。例如，在通信工程类专业居于世界前列的墨尔本大学，建立学校与相关机构的直接联系，大力鼓励学生在实习阶段直接进入这些一线机构中进行学习、实践，为学生提供最有效的知识和技能相互转化的机会，学校在学生实习过后由用人单位给出的反馈再对培养模式进行调整。通过实践教学和实习，学生能够将课堂所学与实际应用相结合，培养实际操作技能和解决问题的能力。这种实践经验有助于学生更好地适应通信工程行业的要求，并提升他们的就业竞争力。学校通过提供实践教学和实习机会，确保学生具备全面的专业素养，并能够在实际工作中作出贡献。

1.3.2.3 行业反馈与合作

设置通信工程类专业的学校通常与行业保持密切联系，以确保课程设置与行业需求相匹配。学校会与行业专家、从业人员进行合作，了解行业趋势、技术创新和市场需求。基于这些反馈，可以及时调整和更新课程设置，以保持与行业发展的同步性。这样的行业导向有助于确保学生毕业后具备与行业要求相符的知识和技能。学校通常与相关企业、组织建立合作关系，为学生提供实习和工作的机会。通过与企业的合作，学生可以在实际项目中应用所学的知识和技能，了解行业运作和实践的细节，并与专业人士进行互动和交流，建立行业人脉，并更好地理解行业的需求和挑战。学校会邀请行业专家参与教学和学术活动。行业专家可以开展关于实际案例、行业见解和最新趋势的讲座或演讲，为学生提供来自行业的反馈和见解。他们的参与可以帮助学生了解行业的实际运作方式，洞察行业中的机遇和挑战，并提高自己的专业素养。学校与企业还可以开展项目合作和研究合作，这种合作可以涉及联合研究项目、创新项目或技术开发项目。通过与企业的紧密合作，学校可以将学术研究与实际应用相结合，培养学生的创新能力和解决问题的能力。这种合作还可以促进知识交流和技术转移，推动行业的发展和创新。行业反馈与合作对毕业生的就业和职业发展至关重要。学校与企业保持密切联系，可以了解行业的招聘需求和就业趋势，为学生提供就业指导、职业咨询和就业机会信息，帮助学生更好地适应行业要求并成功就业。此外，企业还可以提供专业认证、实践项目和专业发展机会，支持毕业生在职业发展中取得成功。通过行业反馈与合作，学校能够确保通信工程类专业的教育与行业需求相匹配。行业反馈与合作提供了实践机会、专业见解和就业支持，为学生提供了更广阔的发展空间，并促进了行业的创新与进步。

1.3.2.4 校友反馈与就业情况追踪

设置通信工程类专业的学校通常与校友保持紧密联系，并建立一个校友网络。这个网络可以为在校学生提供与校友交流和互动的机会。学生可以通过校友网络获取有关行业动态、职业发展和就业机会的信息。校友网络还可以为学生提供导师见面的机会，校友可以分享他们的经验和见解，指导学生在职业发展方面作出明智的决策。学校通常会进行系统性的就业情况追踪，以了解毕业生的就业情况和职业发展轨迹。通过与校友的联系和进一步调查，学校可以收集就业相关的数据和信息，包括就业率、就业行业、职位水平等。这些数据和信息对于学校评价教学质量、改进课程设置，以及提供就业指导和支持非常重要。学校还会积极收集校友的反馈意见，通过定期的调查或校友访谈，了解校友对教育质量、课程设置和支持服务的评价。校友的反馈可以帮助学校更好地了解学生的需求和期望，并作出相应的改进。校友可以提供实习机会、就业推荐和职业导师等资源，帮助学生进入工作市场并建立职业联系。他们可以分享自己的就业经验和职业发展路径，为学生提供宝贵的建议和指导。学校还可以组织校友参与学生的职业发展活动，如职业讲座、网络研讨会和校友招聘会等，促进校友与学生之间的互动和合作。同时，校友网络也为校友之间的合作和交流提供了平台，促进了校友之间的联系与合作。

1.4 通信工程类专业本科生教育培养目标

建设高水平本科生教育的总体目标是培养具有高素质、创新能力和实践能力的人才，以满足社会发展对各领域专业人才的需求。为全面贯彻落实全国教育大会精神，紧紧围绕全面提高人才培养能力这个核心点，加快形成高水平人才培养体系，教育部于2018年发布《关于加快建设高水平本科教育全面提高人才培养能力的意见》。该意见提出，经过五年的努力，初步形成高水平的人才培养体系，建成一批立德树人标杆学校，建设一批一流本科专业点，引领带动高校专业建设水平和人才培养能力全面提升，学生学习成效和教师育人能力显著增强；协同育人机制更加健全，现代信息技术与教育教学深度融合，高校质量督导评价制度更加完善，大学质量文化建设取得显著成效。到2035年，形成中国特色、世界一流的高水平本科生教育，为建设高等教育强国、加快实现教育现代化提供有力支撑。以下为具体的高水平本科生教育的总体目标：

（1）学术水平提升。高水平本科生教育旨在提高学生的学术水平，培养学生具备深厚的学科基础和广泛的学科知识。学生应该掌握学科核心理论、方法和思维方式，具备独立思考、批判性思维和创新能力，能够理解和运用学科知识解决复杂问题。

（2）专业素养培养。高水平本科生教育注重培养学生的专业素养，使其具备扎实的专业知识和技能。学生应该熟悉行业前沿动态和发展趋势，了解专业实践要求，具备解决实际问题的能力。同时，学生还应具备学科交叉融合的能力，能够处理复杂的跨学科问题。

（3）创新精神培养。高水平本科生教育致力于培养学生的创新精神和创新能力。学生应该具备勇于探索、敢于创新的精神，能够发现问题、提出新思路和解决方案。学校应该提供创新创业教育和实践机会，培养学生的创新意识和创业能力。

（4）实践能力提升。高水平本科生教育注重培养学生的实践能力。学生应该通过实验、实习、项目等实践活动，将所学知识应用于实际问题的解决中，培养解决实际问题的能力和团队合作精神。学校应与行业、社会建立紧密联系，提供实践平台和资源支持。

（5）领导才能培养。高水平本科生教育旨在培养学生的领导才能和团队合作能力。学生应该具备组织和管理能力，能够在团队中发挥领导作用，协调资源、推动项目实施。学校应该提供培养领导力的机会，并注重培养学生的沟通、协调和解决冲突的能力。

（6）终身学习能力。高水平本科生教育强调培养学生的终身学习能力和自主学习能力。学生应该具备主动学习的意识和习惯，能够持续不断地学习和更新知识。学校应该培养学生的学习方法和信息获取能力，激发学生的学习兴趣和求知欲望。

（7）社会责任感和国际视野。高水平本科生教育鼓励学生培养社会责任感和国际视野。学生应该关注社会问题和可持续发展，具备社会伦理意识和责任意识。学校应该提供国际化教育和交流机会，培养学生的国际竞争力和跨文化交流能力。高水平本科生教育的总体目标是培养具有高素质、创新能力和实践能力的人才，以满足社会发展对各领域专业人才的需求。

1.4.1 通信工程类专业人才培养发展目标

要加快行业发展，人才是关键。人才培养目标作为贯穿整个教学活动过程的重要导向，决定着教育教学活动的方向与性质。培养目标作为开展人才培养活动的指导思想，在整个教育教学的过程中占据至关重要的地位，所有的教学活动都需要按照人才培养目标来展开。目前，通信行业正由传统的通信产业逐步向信息通信产业演进，角色由传统基础网络运营商转变为现代综合信息服务提供商。具体来说，就是企业要积极向产业链的上下游延伸，由单一的话音业务向语音、数据、图像等多媒体综合信息业务拓展，由简单的电路连接向网络集成服务拓展，由开放网络元素出租向全面承接 IT 外包服务拓展，并积极推进经营模式和业务模式的转型。在整个转型的过程中，三网融合的趋势，用户个性化、多样化、综合化的信息需求，以及人工智能、大数据、物联网、云计算等新一代信息技术的发展，对通信工程类专业人才培养提出了新的要求。如何打破以往过分注重专业知识学习的局面，从而将新一代信息技术融合到通信工程类专业人才培养中，提高学生运用综合知识解决实际问题的能力，提升学生的创新与社会竞争力，是当前面临的重要问题。

通信工程类专业要培养具备通信技术、通信系统和通信网等方面的知识，能在通信领域中从事研究、设计、制造、运营及在国民经济各部门和国防工业中开发、应用通信技术与设备的高级工程技术人才。通信工程类专业毕业生应达到以下目标：

（1）具有健全人格与社会主义核心价值观，具备良好的人文社会科学素养、职业道德、身体素质、艺术修养、劳动态度、工程与社会观念、环境与可持续发展意识及服务社会主义建设的意愿与能力。

（2）具有扎实的数学、自然科学、工程基础与信息通信专业知识，能运用基础理论与专业知识，分析复杂的工程问题，寻求合理的解决方案，具备出色的理论与知识综合应用能力。

（3）具有创新精神，能运用管理原理与经济决策方法并综合考虑相关影响因素，开发、选用现代工具，研究、设计、开发合理的解决方案，具备解决信息通信领域实际工程问题的能力。

（4）具有在多学科环境与跨学科背景下有效开展沟通交流、团队组织与协作及工程项目管理的能力。

（5）具有国际视野，注重学科交叉，善于追踪专业前沿科技，具有创业意识、终身学习意识与习惯，具备适应行业发展的知识储备、学习与竞争能力。

1.4.2 通信工程类专业人才培养途径

1.4.2.1 完善通信工程类专业课程体系

（1）明确专业培养目标与学校人才培养定位。明确专业培养目标与学校人才培养定位，对完善课程体系有很大作用。通信工程类专业在学校办学指导思想和办学定位指导下，确定本专业学生的培养目标及毕业后预期达到的职业和专业成就。培养目标贯彻了学校的办学定位、人才培养目标和服务面向定位，充分体现了学校关于培养高级应用型专门人才的要求。

（2）明确专业培养目标与社会经济发展需求的关系。根据毕业生就业服务的区域经济发展需求，本专业在制定培养目标时，强调坚实的专业知识、工程理论和研究方法，重视训练实践能力，重点培养学生分析和解决复杂工程问题的思维和能力，制定的培养目标符合国家和地方经济发展对通信工程技术人才的需求。

（3）细化课程体系。以新一代信息技术发展需求为导向，结合专业课程教学现状，明确教学改革的重点，从培养学生的通信工程类专业知识和工程实践技能两个方面入手，逐层细分并进行模块化设计，形成层次化、系统化、立体式的课程体系结构。

除了基础能力，进一步培养学生的创新精神，建立制定“基本素质—专业技能—创新意识”三层次的专业知识体系，即以数学、英语和人文素养为基础的公共基础类课程，以学科基础课程、专业发展课程构成的理论教学体系，以实践课程、创新项目等实践发展项目为依托的实践教学体系。同时，在专业方向上，在传统通信系统知识的基础上，增加专业选修课程和通信工程类专业前沿技术课程，引入云计算、物联网、大数据、人工智能等内容，并根据学校的人才培养目标和定位设置行业特色技术技能课程，实现专业人才培养与新一代信息技术发展需求的无缝对接，具体的课程体系如图 1-2 所示。

图 1-2　通信工程类专业课程体系示例

1.4.2.2 建设以高质量人才培养为导向的师资队伍

教师作为人才培养的关键因素之一，对于保证人才的培养质量具有重要作用。目前，各高校特别是“双一流”高校，持证教师中青年教师人数占比较大，且基本上是“从校门到校门”的硕士或博士毕业直接留校，多数注重理论学习和学术研究，而相对缺乏社会实践和工程实践经验。因此，建设具有工程背景和实践经验的教师队伍才能契合信息技术对人才培养的要求。高校应充分利用国家留学基金项目、国际合作项目等加强教师的对外交流与培训，鼓励教师参加各种学术交流活动，有计划地派遣中青年教师到国外著名大学和研究机构访问与学习，促进不同专业教师间的沟通与交流，使教师从中汲取新的营养，增强创新能力。

通信工程类专业要求教师在授课中，必须积极发挥学生的主体作用，引导学生参与课堂讨论；要求教师在教学过程中，从自身的专业背景出发，立足专业特色和课程规律，为课程增加有效的思政元素，激发学生学习的兴趣；鼓励教师根据学生个体差异调整教学方式，让课堂充满活力，实现教师的因才施教。

1.4.2.3 构建适应新一代信息产业需求的创新人才培养模式

以项目为驱动，强调和注重学生实践和创新能力的培养，增加专家科研讲座，企业工程师项目授课、企业参观、学科竞赛等多种方式，将云计算、物联网、大数据、人工智能等技术以多种应用实例形式引入实践教学环节中；设立兴趣小组，举办学术交流活动，培养学生的学科认知和工程实践素养；通过实践课程、学科竞赛、创新训练、校企合作、产学研融合、科研项目等多种模式，培养学生创新意识，提升实践创新能力。通过多层次、多类型的实践训练，构建“学科认知—课程培养—工程实训”三级创新实践能力培养模式；在培养过程中，依据学生认知的特点，遵循难度层层递进、先局部后整体的原则，以专业基础课程、专业发展课程夯实基础理论，为实践能力培养提供根本保障，以专业认证、新一代信息技术发展需求为导向为学生创新能力的培养提供“源泉”，形成“学科认知—课程培养—工程实训”三级创新实践能力的培养模式，推进通信工程类专业“厚基础、宽口径、高素质”的培养目标，形成以创新实践为核心的多层次人才培养模式，提升通信工程类专业人才培养质量。

笔者在对新一代信息技术对通信工程类专业人才需求分析影响的基础上，从课程体系、师资队伍、培养模式等方面提出了具体的改革内容，总结其成功经验，同时发现问题，并给出了改革与实践的具体实施方案，使之能够在天津市范围同类专业中处于领跑的地位，也对提升电子信息类专业学生的创新能力和社会竞争力具有一定的借鉴意义。

2 国内外本科生教育基本情况比较

2.1 我国与英美国家本科生教育培养方案设置比较

2.1.1 我国的本科生教育培养方案设置

培养方案是学校进行人才培养工作所设置并实施的一项指导性教学方案，主要包括培养目标、基本规格、课程设置等。人才培养方案是学校为落实党和国家关于教育的总体要求，是对人才培养目标的具体体现，也是组织开展教学活动和教育教学工作的规范性文件，更是教育教学工作评价的依据，其中包含定位方向和特色课程等内容，这种规定的培养模式和假设预期能达到什么目的、运用什么办法被称为人才培养方案。一个学校针对教学工作制定的规范性文件要不断地优化完善人才培养方案。高校是人才培养的重要基地，也是教育教学活动开展的重要场所。学校的性质不同、类型不同、地域不同，相应地同一专业的人才培养方案也就有所不同，但是高校会依据社会和市场的需求而有针对性地培养高层次的专业人才。

人才培养活动的重要环节是教学工作。高校的教学是一个复杂的系统工程，必须有目的、有计划地对高校教学过程进行管理，才能使教学工作有条不紊地进行并取得良好的效果。培养方案是高校人才培养和教学工作的主要依据，培养方案管理是高校教学管理的重要内容。高等教育教学改革涉及的主要内容包括明确高等教育任务、明确各类高校的培养目标、重新设置专业、制订培养方案和教学大纲、编写教科书、改革教学内容、改革教学方法等。其中，制订培养方案和教学大纲、改革教学内容是教学改革的重点。一般来说，培养方案的制订周期为每四年一次，由学校提出，交由上级主管部门审批通过后按照该培养方案进行。培养方案中包含学制、课程设置、培养目标、培养计划等多方面内容，我国本科生的修读年限一般来说是四年，最长可延缓至六年。以中国民航大学通信工程专业为例，本专业设立民航电信和现代通信两个专业方向。中国民航大学立足民航，服务社会，适应国家新一代空中交通运输系统和现代通信技术发展的需求，培养社会责任感强，拥有良好的人文素养和扎实的自然科学基础，工程实践能力强，掌握通信技术、通信系统与网络、信号与信息处理等方面的专业知识，能够在民航电信领域和信息通信领域从事工程应用与系统运行、技术开发、项目管理等工作的高素质应用型人才。

我国的本科生教育培养方案设置涉及学位要求、专业教育、通识教育、实践教学和毕业要求五个方面：

2.1.1.1 学位要求

（1）基本学制四年。实行弹性修读年限制，最短修读年限为三年，最长修读年限为六年。

（2）学生在规定修读年限内达到本专业毕业标准，符合学位条例所规定条件的授予工学学士学位。毕业设计（论文）安排共 14 周、8 学分，在第 8 学期集中安排。毕业设计（论文）的教学目标是在课程学习完成的基础上，在指导教师的指导下完成一个综合性问题的独立分析与解决。

2.1.1.2 专业教育

专业教育课程由专业基础课和专业课两个部分组成。专业基础课为信息与通信工程；专业课包括电路分析基础、低频电子线路、电磁场与电磁波、通信电子线路、数字逻辑电路、信号与系统（Ⅱ）、数字信号处理（Ⅱ）、通信原理（Ⅱ）、数据通信与计算机通信网、嵌入式系统原理及应用。

中国民航大学通信工程专业还设置了一些特色课程：

（1）双语课程。数据通信与计算机通信网，航空移动卫星通信系统，光纤通信，卫星导航。

（2）研讨式课程。随机信号分析（Ⅱ）。

（3）设计类课程。低频电子线路课程设计，数字逻辑电路课程设计，电子系统设计与制作（I），电子系统设计与制作（II），DSP 技术及应用课程设计（Ⅱ），导航原理与系统课程设计，数据通信与计算机通信网课程设计，通信系统综合设计。

（4）民航特色课程。空管通信系统，导航原理与系统，空管监视原理与系统，空管自动化系统。

（5）创新创业实践。主要是为学生开展的创新创业项目、学科竞赛、科研教研、发表论文、申请专利等课外研究性学习内容认定相应学分，鼓励学生开展课外科技活动。

（6）CDIO 项目式课程。通信系统综合设计。

2.1.1.3　通识教育

通信工程类本科专业的通识教育主要涵盖人文社会科学、自然科学、经济管理、大学英语、信息技术、艺术与文化、体育与健康、实践与社会服务以及创新与创业教育等领域，旨在培养学生的综合素质，增强其批判性思维、沟通能力和社会责任感，帮助他们在具备专业技能的同时，适应多变的社会环境和职场挑战。

（1）人文社会科学。通过哲学、心理学和社会学课程，学生将学习批判性思维、道德伦理和社会结构，增强对人类行为和社会问题的理解。这有助于培养他们的沟通能力和团队合作精神，使其能够更好地融入多元文化环境。

（2）自然科学。物理学和数学课程为学生提供必要的科学基础，帮助他们理解电磁学、信号传输以及相关的数学模型。这些知识不仅为后续的专业课程打下坚实基础，也培养了学生的逻辑分析能力。

（3）经济管理。学习微观和宏观经济学以及管理学，学生能够理解市场运作和商业环境，掌握项目管理和团队管理的基本技能。这些能力在未来的职业生涯中尤为重要，尤其是在快速发展的技术行业。

（4）大学英语。英语课程的设置旨在提高学生的听说读写能力，特别是专业英语的学习，使其能够阅读国际文献、进行学术交流并与外籍专家顺畅沟通，拓宽其国际视野。

（5）信息技术。计算机科学基础课程增强了学生的信息素养，教授编程、数据结构和计算机网络等技能，使学生能够在信息化时代有效利用技术工具，提高工作效率。

（6）艺术与文化。通过艺术欣赏与文化研究课程，学生的审美能力和文化素养得以提升，培养他们对不同文化的理解和尊重，促进跨文化交流能力。

（7）体育与健康。体育课程不仅增强了学生的身体素质，也培养了其团队合作精神和竞争意识，而健康教育则关注心理健康和生活方式，帮助学生形成良好的生活习惯。

(8) 实践与社会服务。鼓励学生参与社会实践和志愿服务活动，以增强其社会责任感和实践能力，帮助他们将理论知识与实际工作相结合，提升综合素养。

(9) 创新与创业教育。通过创新与创业教育基础课程，学生的创新意识和商业意识得以培养，激励他们在未来的职业生涯中勇于尝试、敢于探索，具备创业能力。

2.1.1.4 实践教学

本专业的实践课程包括独立实验课程和内含在有实验理论课中的实验课程两类，实验尽量安排在某一知识点讲授完之后进行，以达到对相应理论的深刻理解和巩固。实践教学还包括实训、实习安排和创新创业类实践。实践教学涵盖数学与自然科学类、人文素质类、工程与信息技术类、经济与管理类、艺术与审美类、健康与安全类、创新创业类。根据学生的兴趣爱好，鼓励学生开展创新创业项目、学科竞赛、科研或教研、发表论文、申请专利等课外研究性学习等，认定相应学分。通信工程专业的实践教学主要分为实验课程、课程设计、实训和实习、创新创业类实践以及毕业设计（论文）五个递进的层次，如图 2-1 所示。

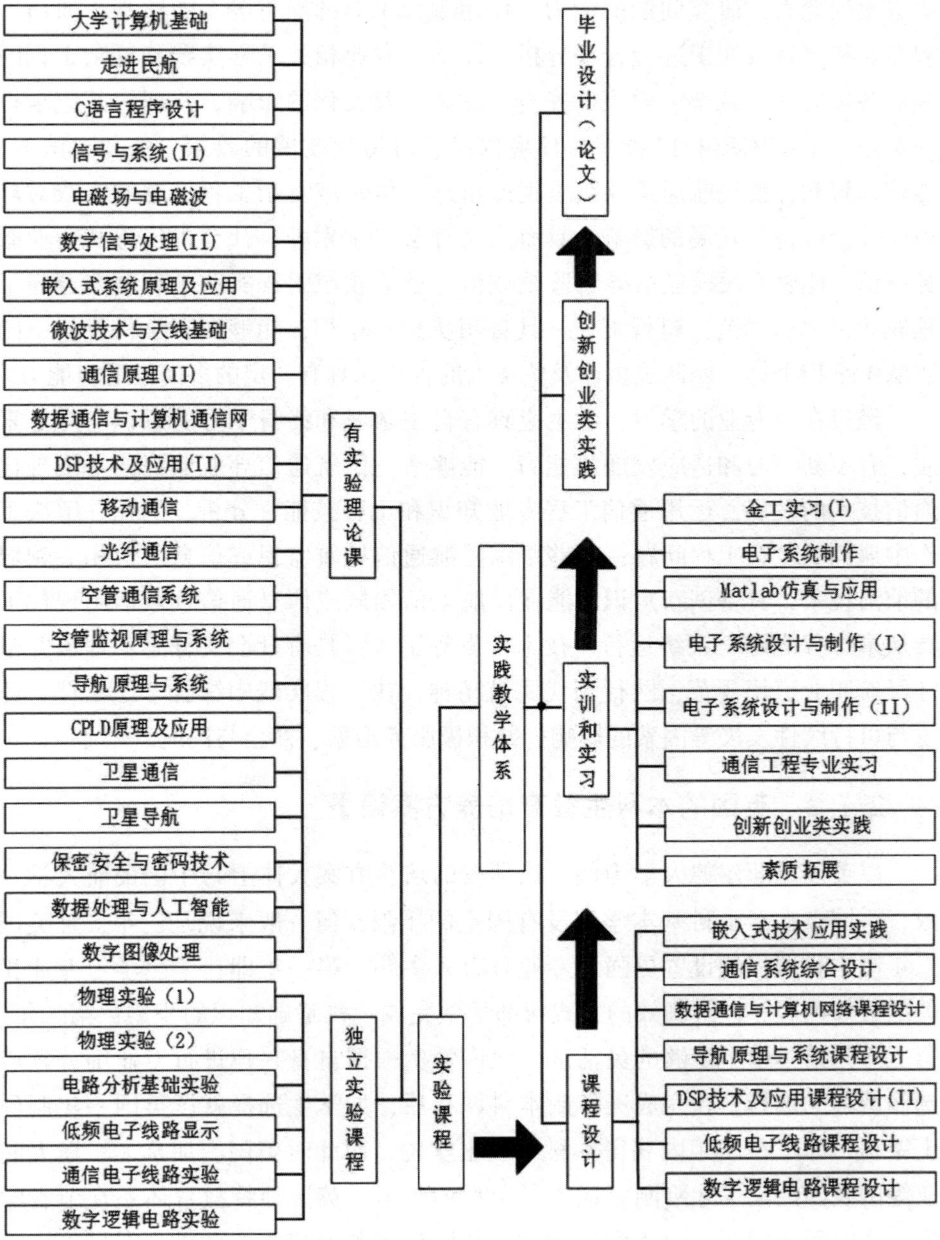

图 2-1 通信工程专业实践教学体系

2.1.1.5 毕业要求

本专业对学生的毕业要求包括工程知识、问题分析的能力、设计/开发解决方案的能力、研究问题的能力、使用现代工具的能力等。能够基于通信工程专业相关背景知识进行合理分析，评价本专业相关工程实践和复杂工程问题的解决方案对社会、健康、安全、法律以及文化的影响，并理解其应承担的责任。了解国家和民航有关环境保护、可持续发展的政策、法律、法规，能够理解和评价民航通信导航监视或信息通信领域复杂工程问题的实践对环境、社会可持续发展的影响。具有人文社会科学素养、社会责任感和行业服务意识，能够在民航通信导航监视或信息通信领域工程实践中理解并遵守工程职业道德和规范，履行责任。具备团队合作精神，能够在多学科背景下的团队中承担个体、团队成员以及负责人的责任，具有一定的多岗位适应能力。

经过在该专业的学习，学生应具有自主学习和终身学习的意识与身心素质，有不断学习和适应发展的能力。能够适应民航通信导航监视技术或现代通信技术的发展，运用通信工程专业知识和工程技能，分析、研究并解决工作中遇到的复杂工程问题；能够跟踪民航通信导航监视或信息通信相关领域的前沿技术，具备创新意识，能在民航电信领域或信息通信领域运用现代工具从事工程应用与系统运行、技术开发等工作；具有社会责任感，理解并坚守民航职业道德规范，践行当代民航精神，在工程实践中综合考虑法律、环境与可持续性发展等因素的影响，并积极服务国家、社会与民航。

2.1.2 英国的本科生教育培养方案设置

以英国谢菲尔德大学为例，该学校的培养方案大体上与中国民航大学一致，不同点在于本科基本学制没有固定的年限，但一般来说是三年，且英国三年制本科课程的设置更强调专业且直入主题，第一年即让学生学习专业相关的必修内容，以最高效的方式帮助学生完成学科基础知识的积累；第二年、第三年则给予学生足够的灵活度，允许学生根据自身兴趣进行专业细分领域选修课程的选择。在完成三年制本科课程后，如学生选择就读英国一年制硕士课程，即可在四年内获得本科与硕士学位，而此时美国、加拿大、澳大利亚等国及国内学生才刚刚完成本科课程的学习。英国独特教育体系在节省学生宝贵时间的同时，也为学生及其家长降低了教育成本。此外，大量英国大学也设有“三明治课程”（Thick Sandwich Degree），即在三年本科学习中囊括一年的工作实习（通常在第三年），帮助学生积累行业相关实操经验，为学生毕业后的深造与职业发展进行前置铺垫。除丰富的课程选择与紧凑的课程设置外，英国本科生教育与行业的紧密联动及其背后庞大的资源与人脉支持，也成为学生毕业后就业发展的一大优势。多数英国大学的讲师与教授均为相关领域的专家，学生有机会与业内领军人物接触交流，充分获益于其丰富的学术及实践经验。英国本科生教育培养方案设置内容具体如下。

2.1.2.1 学位要求

英国本科生教育培养方案通常要求学生获得一定的学分，学生通过修读一定数量的模块或课程来积累足够的学分以满足学位要求。不同学校和专业会有不同的学分要求，通常以总学分的形式表示，如360个学分。学位要求通常包括特定类型和数量的模块或课程要求，这些要求一般包括核心模块、选修模块和必修模块。核心模块是专业领域的基础课程，学生必须修读并通过；选修模块是学生在专业领域或跨学科领域自由选择的课程，可以根据个人兴趣和学术发展需求进行选修；必修模块是学生必须修读的其他课程，如通识教育课程或跨学科课程。学位要求还涉及学生在各个模块或课程中的成绩要求。通常，学生需要在每个模块或课程中达到一定的成绩标准，如通过考试或获得一定的学分。成绩要求可以是定量的，如要求学生在每个模块中获得60%以上的成绩；也可以是定性的，如要求学生在核心模块中获得通过等级。一些学位设置可能对学生的学术进展设有要求，包括学生在特定阶段进行学术评价或达到一定的学术标准。例如，学生可能需要在大二或大三阶段进行学术评价，以确保他们具备在学术上继续学习的能力。对于国际学生或非以英语为母语的学生，学位要求中可能还包括对英语语言能力的要求，可能需要学生提供相应的英语语言考试成绩，如雅思或托福，以证明他们具备足够的英语能力来进行学术学习。这些学位要求因学校、专业和学位类型（如学士学位、荣誉学位等）而有所差异。因此，具体应参考所在大学和专业的相关规定与要求。

2.1.2.2 专业课程

专业课程分为专业核心课程、选修课程、实践课程或实习、专业项目或研究、课程要求和先修课程五个方面。

（1）专业核心课程。专业核心课程是学生在所选专业中必须修读的基础课程。这些课程旨在提供专业领域的核心理论和实践技能，确保学生掌握相关专业的基本知识和能力。专业核心课程通常涵盖学科的基础概念、理论框架、方法论和实际应用等内容。

（2）选修课程。除了专业核心课程，学生通常还可以选择一定数量和类型的选修课程。设置选修课程的目的是让学生能够在专业领域进行更深入的学习和专业化发展。这些课程可以涵盖专业的不同领域、专题或专业化方向。学生可以根据个人兴趣和学术目标选择适合自己的选修课程，以拓宽知识面和培养特定的专业技能。

（3）实践课程或实习。一些专业要求学生完成实践课程或实习，以进行实际应用和获得实践经验。这些课程可以包括实验室实践、实地调研、实习机会或项目合作等形式。通过参与实践课程或实习，学生可以将所学知识应用于实际问题中，并培养实际操作能力和职业素养。

（4）专业项目或研究。部分专业要求学生完成专业项目或研究，以培养独立研究和创新能力。学生可以根据自己的兴趣和专业领域选择研究课题，并在教师的指导下进行独立研究。通过完成专业项目或研究，学生可以深入探索专业领域的前沿问题并作出学术贡献。

（5）课程要求和先修课程。在一些专业中，特定课程可能对学生有先修课程要求。这意味着学生需要在修读某些高级课程之前，先完成某些基础课程或具备特定的先修知识。课程要求和先修课程旨在确保学生具备足够的知识和能力来理解与应用高级课程的内容。

2.1.2.3 选修模块

在英国的本科生教育培养方案中，选修模块允许学生在特定的领域或就特定的主题进行个性化的学习和专业发展。

（1）自由选修模块。自由选修模块是学生可以根据个人兴趣和学术目标自由选择的课程。这些课程通常不属于专业核心课程，但涉及专业领域的不同方面、相关领域的知识或属于跨学科的课程。学生可以根据自己的兴趣和学习目标选择适合自己的自由选修模块，以拓宽知识面和培养跨学科的能力。

（2）专业选修模块。专业选修模块是学生在所选专业领域内可以选择的课程。这些课程通常是对专业核心课程的进一步深化和专业化，或者涉及专业领域的特定方面。学生可以根据自己的学术兴趣和职业发展需求选择适合自己的专业选修模块，以深入研究专业领域或培养特定的专业技能。

（3）跨学科选修模块。跨学科选修模块是学生可以选择的、涉及不同学科领域的课程。这些课程旨在培养学生的跨学科思维和综合能力，让他们能够将不同学科的知识和方法整合应用。跨学科选修模块可以帮助学生在解决复杂问题和应对现实挑战时具备更全面的能力与视野。

（4）公共选修模块。公共选修模块是学校或学位计划要求所有学生必修的通识教育课程或领域。这些课程旨在培养学生的综合素养和公民意识，涉及人文科学、社会科学、自然科学等领域的知识和技能。公共选修模块可以帮助学生发展批判性思维、提高跨文化交流能力和终身学习的能力。

（5）先修课程要求。在某些选修模块中，学校可能规定学生需要在修读该模块前完成一些先修课程。先修课程要求确保学生具备足够的基础知识和前置技能，以便能够顺利理解和应用选修模块的内容。

2.1.2.4　研究项目

在英国的本科生教育培养方案中，研究项目是指学生在完成学位课程期间需要进行的独立研究项目。这些项目旨在培养学生的研究能力、创新思维和学术写作技能。其中，包括选题选择、研究计划和方法、数据收集和分析、结果呈现和报告、学术指导和评价五大模块。

（1）选题选择。学生通常需要选择一个研究选题或课题，并在指导教师的指导下进行研究。选题选择应与学生所学专业领域相关，并符合学术要求和具有研究可行性。学生可以根据个人的学术兴趣、专业发展需求和导师的建议选择合适的研究选题。

（2）研究计划和方法。学生需要制订详细的研究计划，包括研究目标、研究问题、研究方法和数据收集分析方法等。研究计划应该清晰明确，能够指导学生按照计划有序地进行研究工作。学生需要选择适当的研究方法和技术，并解释其在研究中的应用。

（3）数据收集和分析。学生需要根据研究计划采集相关数据，并进行数据分析和解释。数据收集方法可以包括实地调研、实验、问卷调查、文献研究等。学生需要运用适当的统计分析工具和方法对数据进行处理与解读，以回答研究问题或验证研究假设。

（4）结果呈现和报告。学生需要将研究结果进行整理、分析和呈现。这通常包括撰写研究报告、制作研究海报、进行口头演示或参与学术研讨会等形式。学生需要清晰地陈述研究的目的、方法和结论，并进行合理的解释和讨论。研究报告通常要符合学术写作规范和引用要求。

（5）学术指导和评价。学生在研究项目期间通常会有指导教师或导师提供学术指导和支持。导师会对学生的研究计划、进展和最终成果进行评价与反馈。学生需要积极与导师合作，接受指导并及时反馈研究进展。研究项目的最终评价通常由导师或评委小组进行，评价标准可能包括研究设计、数据分析、结果呈现和学术贡献等方面。

2.1.2.5 实习和职业发展

在英国的本科生教育培养方案中，实习和职业发展是重要的组成部分，旨在帮助学生将学术知识与实际工作经验相结合，为他们的职业发展做好准备。具体流程包括实习机会、实习安排和评价、职业发展支持、职业技能培养和实践项目。

（1）实习机会。许多英国的本科生教育培养方案鼓励学生参与实习活动。学校通常与相关行业、公司或组织建立合作关系，为学生提供实习机会。实习可以在学期期间进行，也可以在暑假或寒假期间进行。实习的目的是让学生在真实的工作环境中运用所学知识，了解行业的实际运作和职业要求。

（2）实习安排和评价。学校通常会提供指导和支持，帮助学生寻找合适的实习机会。学生需要提交实习申请，经过筛选和面试后获得实习机会。实习期间，学生可能需要向导师或指导教师提交实习报告，并接受实习工作的评价。实习评价可能包括对学生在工作中的表现、专业素养和职业能力的评价。

（3）职业发展支持。学校通常提供职业发展支持，帮助学生规划和实现自己的职业目标。这包括职业咨询、就业指导、简历和求职信写作、面试准备等方面的支持。学校还可能举办职业展会、招聘活动和行业讲座等，为学生提供与潜在雇主和行业专业人士的互动机会。

（4）职业技能培养。为了帮助学生在职业发展中具备必要的技能，一些本科生教育培养方案还会提供职业技能培训。这可能包括沟通技巧、团队合作、领导能力、项目管理等方面的培训课程。学生可以通过参与这些课程来提升自己的职业竞争力和就业能力。

（5）实践项目。除了实习，一些本科生教育培养方案还可能要求学生参与实践项目。这些项目可以是与行业合作的实际项目，也可以是学生自主发起的社会实践或创业项目。实践项目旨在让学生通过实际操作和项目管理来提高实际工作能力与创新能力。

2.1.2.6 评价和反馈

在英国的本科生教育培养方案中，评价和反馈是对学生学习和表现进行监测的重要环节。评价和反馈旨在帮助学生了解自己的学习进展，发现不足之处，并提供指导和支持以完善学习成果。具体包括评价方法、评价标准、反馈机制、评价公正性及进一步支持。

（1）评价方法。英国的本科生教育培养方案通常采用多种评价方法综合评价学生的学习成果。常见的评价方法包括考试、论文或报告写作、小组项目、实践作业、口头演示、课堂参与和在线测验等。各个课程和模块可能会采用不同的评价方法，以评价学生在特定领域的知识掌握程度、技能水平和理解能力。

（2）评价标准。学校会制定明确的评价标准，用于评价学生的学术表现。评价标准通常会在课程大纲或评价任务中进行说明，使学生清楚地了解课程的要求和期望。评价标准可能涉及知识掌握、理解能力、分析和综合能力、创新思维、沟通能力等方面。学生需要根据评价标准来准备和展示学习成果。

（3）反馈机制。在评价完成后，学校会向学生提供详细的反馈。反馈通常包括对学生学习成果的评价和指导，以及改进的建议。学校会提供书面反馈或面对面的讨论机会，以确保学生理解评价结果和反馈内容。学生可以通过反馈了解自己的优点和不足，并根据反馈提供的指导来改进自己的学习策略和表现。

（4）评价公正性。英国的本科生教育培养方案注重评价的公正性和透明度。评价过程需要确保对所有学生的公平对待，避免歧视和不平等。学校会采取措施确保评价的一致性和客观性，如通过多位评价人员进行评价、使用标准化评分和匿名评价等方式。

（5）进一步支持。除了评价和反馈，学校还会提供进一步的支持，帮助学生完善学习成果和改善学术表现。这可能包括辅导、学术指导、补充课程、学习资源和学习技巧培训等。学生可以根据自己的需求和反馈建议，寻求额外的支持和指导。

2.1.3 美国的本科生教育培养方案设置

以佛罗里达理工学院为例。美国的本科生培养方案大致与英国相同，由美国联邦教育部进行总规划，没有明确规定的修读年限，但一般为四年，学生在前两年接受基础性课程，如数学、物理等，接下来的两年主要攻读专业必需课程，如在佛罗里达理工学院规定的总学分是 130 分，只要修满 130 分即可达到毕业要求。美国大学的四年本科教育，力求扩展学生的涉猎面，而不要求学生专精于一项具体技能或者专业。有的大学甚至不要求学生在入学时选择专业，可以等到第三年再确定专业。而且美国的大学实行选课制，学生可以根据自己的喜好自由选择课程，只需在学期开始前与辅导教师见一次面确定所选课程可以保证自己按时毕业并符合要求即可。美国的大学非常强调对学生综合素质的培养，无论学生的专业是什么，一般都要求一定要上 7~10 门涉及各方面知识的“核心课程”。这些课程包括写作、历史、艺术、语言、哲学、心理、政治等人文课程，是美国大学保证学生一定人文水平的核心制度。例如，通信工程专业的学生一定要学习本专业的基础工程知识，然后可以根据兴趣选择专精，如计算机设计、风力发电、电动机构造等。每学期的课程要保证在 12~18 学时，每门课一般为 3 学时，少数有 1 学时、2 学时或者 4 学时的情况。这样就保证了每名学生每学期至少选 4 门课，至多选择 6 门。课程分为一三五上课和二四上课两种。期末考试只占总成绩的 25% 左右，如果学生不认真完成每一次作业和测验，基本不会及格，因此学生对教授所有的要求都必须认真完成。另外，美国的大学在第四年仍然有课，而且比前三年难度均高出一截，毕业设计是大四必选的一门课程，其他课程需要照常上，所以大四的学生一般压力极大，甚至有人不能按时毕业。因此，一般用四年内毕业率来衡量美国大学某专业的难度。

2. 1. 3. 1　通识教育课程

美国的本科生教育通常采用通识教育课程作为核心要素。这些课程旨在培养学生的广泛知识和综合能力，涵盖人文科学、社会科学、自然科学和数学等领域。学生需要修读一定数量的通识教育课程，以满足学校的要求。

2. 1. 3. 2　专业课程

美国的本科生教育还包括专业课程，它旨在培养学生在特定领域的专业知识和技能。学生需要选择一个主修专业，并修读该专业的核心课程和选修课程。专业课程的设置和要求会因学校与专业而异。

2. 1. 3. 3　学分要求

学生需要修满一定数量的学分才能获得本科学位。学分要求通常由学校制定，包括通识教育课程、专业课程和选修课程的学分要求。学生需要根据要求修满相应的学分，并达到学校规定的学分分布要求。

2. 1. 3. 4　实习和实践经验

为了提供获取实际工作经验和应用知识的机会，一些本科生教育方案可能要求学生参与实习或实践项目。学生可以在相关行业或组织中进行实习，或者参与与专业相关的实践项目。这有助于学生将理论知识应用到实际工作中，并培养职业技能和获得经验。

2. 1. 3. 5　项目研究

一些本科生教育方案可能要求学生进行项目研究。可以是独立研究、科研实验或学术论文等形式。通过参与项目研究，学生能够深入探索特定领域的问题，并培养研究和分析能力。

2.1.3.6 评价和考核

本科生教育方案通常采用多种评价和考核方法来评价学生的学术表现。这可能包括考试、论文写作、小组项目、课堂参与、实践作业等。评价和考核的目的是评价学生的学习成果和能力，并提供反馈和指导。

2.1.3.7 毕业要求

学生需要满足学校规定的毕业要求才能获得本科学位。这可能包括完成所有必修课程和学分要求、通过所有评价和考核、达到学校规定的最低绩点平均值等。学校会对学生的毕业资格进行审核，并颁发相应的学位证书。

2.2 我国与英美国家本科生教育专业信息反馈模式比较

从整体上来说，我国与英美国家本科生教育专业信息反馈都包括行业需求跟踪、师生反馈、行业认证和教学质量监测等方面，但在具体实施上，我国与英美国家在反馈机制的制度化程度、信息反馈的广度和深度、反馈结果应用的科学性和信息反馈的透明度，以及公众参与度等方面存在一些不同点。下面将我国与英美国家本科生教育专业信息反馈模式进行对比，分析各反馈模式下的不同之处。

2.2.1 我国本科生教育专业信息反馈模式

目前，我国高校大多采取大类招生的模式，按学科招生是目前大部分高校实行的招生方式。这种招生方式中的专业类所包含的专业一般具有学科相近性，把一些特点相似或者具有相同属性的学科或专业方向合并招生。完成通识教育的课程后，再分流到不同的专业进行具体专业课程学习。

在中国民航大学本科专业中，除了工商管理和工科试验班两个大类招生，大多数还是单一学科属性的专业，这也就造成了绝大部分学生在进入大学后专业就固定了的局面。绝大部分学生表示没有渠道表达自己对专业的意愿及是否对专业满意或对专业教学的其他看法。学生想转专业只能通过转专业制度来实现，但我国的大学对转专业的要求比较严苛，一般是大一学年的绩点达到年级前列，不少专业（如空管）还需要经过体检，这也造成了我国大学的专业分流制度较为固定。由于经济、政策、教育等一系列因素的影响，我国不同地区的高考试卷也不同，这造就了学校对不同地区生源地分数线不尽相同的结果，导致对生源的质量要求没有统一的标准，学生在进入学校后会出现因受教育水平差距较大而导致学习情况两极分化的可能。从另一种意义上来说，对于这类学生，现行的招生制度是不公平的。教师或学校在得到学生的意见反馈后无法采取有效的措施去弥补这类学生的心理落差，因为各个专业的转专业名额有限，所以该信息反馈模式只有输入—反馈，缺少了最重要的输出阶段。

不仅如此，在对中国民航大学教学质量信息反馈的研究中发现，在质量反馈机制、质量改进机制中存在对应子系统职能尚需完善的问题。主要表现在以下两个方面：

（1）质量反馈机制较少体现质量反馈系统中针对学校外部学生家长、毕业生用人单位、招聘人才市场、政府管理部门的反馈信息内容。其质量反馈机制是基于学校教学日常与总结分析数据，以及相应的专业数据库建设进行反馈，质量反馈的对象为督导、学生评教、学情及毕业生信息。

（2）质量改进机制较少体现评价与诊断系统中外部机构协助评价与诊断。质量改进机制侧重于加强教育教学过程管理；增加物质与荣誉激励机制，根据各学院教学工作量和教学质量进行分配，实行优质优酬，实现多劳多得，激发教师的科研与教学热情；教育质量诊断标准与程序制定，加强学科自我评价建设；完善多种形式的学生评教系统。但是，这些质量改进措施都是针对学校本身的，学校外部对本科生教育质量保障体系的评价与诊断则存在缺失。

2.2.2 英国本科生教育专业信息反馈模式

以牛津大学为例，牛津大学一共有 48 个专业门类，与我国大学相同的是，在牛津大学所设置的专业中，也含有单一学科属性的专业（如地球科学）、跨专业学科（如心理学、数学与哲学、计算机科学与哲学）、大类学科（如工程学、化学、数学），但区别在于我国大学是根据生源省份的计划招生人数，在思想政治品德考核和体检均合格的前提下，根据考生高考投档成绩，按照分数优先的原则录取，即从高分到低分依据考生专业志愿顺序逐一分配，不设专业志愿级差，这也就意味着学生可能在被该学校录取的情况下，被调剂到非本人填报的专业进行学习，而牛津大学则杜绝了这种可能。同样类比我国高考的 A-Level 考试，学生在申请牛津大学的 offer 时就要开始选择专业，而不同专业对 A-Level 科目的成绩是有不同要求的，如化学专业要求学生 A-Level 科目+数学必须达到 A+等级，数学与计算机科学专业则要求学生的数学/进阶数学/计算机科学/计算机操作达到 A+等级。这样灵活性地设置科目，不仅能筛选有理化能力或社科天赋的优秀生源，让学生在进行合适的本科专业学习的同时，也最大限度地让学生选到自己感兴趣的专业。同样地，学生如果对自己专业不满意也可以进行反馈，即向学校提出申请，英国的转专业制度并没有这么严苛，基本上只要不挂科或者另一专业人数过少都是可以申请成功的，通过 Programme Transfer Form 后，即可成功转专业。具体的英国本科生教育专业信息反馈模式构成如下：

2.2.2.1 大学官方网站

英国的大学通常在其官方网站上提供详细的专业信息。学生可以浏览大学的网站，了解各个专业的课程设置、学习内容、教学方法、评价方式、学术要求等。这些信息通常由各个学院或专业的教师和工作人员提供，帮助学生全面了解专业的特点和学习体验。

2.2.2.2 专业手册和课程目录

大学会印刷专业手册和课程目录，这些资料详细介绍了各个专业的课程结构、模块设置、学习目标、教学资源等。学生可以通过阅读这些手册和目录，深入了解各个专业的学习内容和学术要求。

2.2.2.3 大学开放日和校园参观

大学会定期举办开放日和校园参观活动，邀请学生和家长参观校园、参加专业介绍会、与教师和学生交流等。在这些活动中，学生可以亲自感受学校的氛围，参观相关学院或部门，了解专业设施和学习环境，与教师和学生面对面交流，获取直观的专业信息。

2.2.2.4 学生咨询服务

大学设有学生咨询服务中心，学生可以通过预约或直接咨询，向专业顾问或学术顾问咨询有关专业的问题。专业顾问通常具有丰富的专业知识，可以为学生提供关于专业要求、课程选择、学术支持等方面的建议和指导。

2.2.2.5 校友和行业联系

一些大学与校友和行业保持密切联系，并组织校友活动和行业交流。学生可以通过参与这些活动，与校友和行业人士交流，了解专业的就业前景和行业趋势。校友和行业联系可以为学生提供实际的专业信息与职业发展建议。

2.2.2.6 独立机构评价和排名

英国有多个独立机构对大学与专业进行评价和排名，如 QS 世界大学排名、The Guardian 和 Times Higher Education 等。学生可以参考这些评价和排名结果，了解各个专业的学术声誉、教学质量和就业表现等。

2.2.3 美国本科生教育专业信息反馈模式

美国本科生教育专业信息反馈模式与我国“进校即分流”的模式不同的是，美国高校采取“进校后分流”的模式，学生在完成 1~2 年的通识教育课程后再进行专业选择，选择自己感兴趣的领域进行学习。以佛罗里达理工学院为例，该校的本科生在大一期间的课程都是基础理论课，如普通化学、作文与修辞、数理逻辑、微积分、文学写作、计算机设计、物理、物理实验等，在完成这些课程后，再选择自己感兴趣的专业。以该校电子信息工程专业大二的学生为例，大二的课程除了基础教育，还增加了专业课学习，如电路理论、软件/硬件设计、电子技术、信号与系统、电磁场、通信系统等。学生可以根据自己的兴趣选择合适的专业，甚至有的学生在学习了一年后觉得所选专业与自己的预期不符或者出现其他情况，还可以再选择其他专业进行学习。由于学制和转专业制度的灵活性，有的甚至在学校官网的个人账号上进行更改即可完成，学生在对自己专业反馈后第一时间就可以进行调整更改。这种专业信息反馈模式速度快、效果好，值得我国高校借鉴。具体的美国本科生教育专业信息反馈模式构成如下：

2.2.3.1 大学官方网站

美国的大学通常在其官方网站上提供丰富的专业信息，学生可以浏览大学的网站，了解各个专业的课程设置、学位要求、专业特色、师资力量、就业前景等。大学官方网站还提供了学生手册、课程目录和专业手册等资料，帮助学生全面了解专业的学习内容和学术要求。

2.2.3.2 学术顾问和教授指导

美国的大学通常为学生分配学术顾问或教授指导。学术顾问是专门负责在专业选择、课程规划、学术发展等方面指导学生的专业人员。学生可以与学术顾问进行面对面的交流，讨论自己的兴趣和目标，获取个性化的专业建议和指导。

2.2.3.3 学科介绍会和专业讲座

大学会定期举办学科介绍会和专业讲座，邀请教师和专业负责人介绍各个专业的学习内容与就业前景。学生可以参加这些活动，与教师和专业负责人交流，深入了解专业的特点、课程设置和学术要求。

2.2.3.4 实习和职业发展中心

大学设有实习和职业发展中心，为学生提供就业指导与专业咨询服务。这些中心通常提供职业规划、实习机会、校园招聘会等资源，帮助学生了解专业的就业前景和行业趋势。学生可以通过咨询和参与实习项目，获取实际的专业信息和职业发展建议。

2.2.3.5 学生社团和组织

大学的学生社团和组织提供了一个交流与分享专业信息的平台。学生可以加入与自己感兴趣专业相关的学生组织，参与专业讨论、学术活动和行业研讨会。通过与同行学生的交流，可以获取实际的专业体验和信息。

2.2.3.6 专业排名和评价机构

美国有多个独立的机构对大学与专业进行排名和评价，如 US News & World Report 等。学生可以参考这些排名和评价结果，了解各个专业的学术声誉、教学质量和就业表现等。

2.3 我国与英美国家本科生培养模式比较

2.3.1 我国的本科生培养模式

我国的高校本科生教育体系绝大部分是采取应用型本科生的培养模式下的班级授课制。中国民航大学通信工程专业拥有其特色的“双语班”培养模式，即采取中英文相结合的方式进行教学，进一步提升学生在该专业背景下的语言技能和未来与国际接轨的能力。通信工程专业的学生在经过大一一年的学习后，采取自主报名的模式，参加双语班选拔考试，通过考试的学生进入双语班。双语班学生的绝大部分专业课会采取双语教学的形式，上课教学环节与普通班的学生区分开来，其他日常活动还是正常进行，避免了英语基础较薄弱的学生跟不上进度，学习吃力，也让英语能力较好的学生能在该专业进行深一步的学习。在整个本科学习阶段，除了学生和学校的信息反馈，还有来自学校教学督导委员会的意见和同行教师的听课报告，督导委员会的工作人员分工对各学院收集的学生教学信息反馈表，包括教学设施的损坏情况、教学情况等进行整理归纳，但由于教学信息反馈表的质量问题及督导委员会的职能所限，该反馈模式的效果不大，而同行教师的听课报告一般都是正面评价，如教学态度良好、备课充分、认真负责等流于形式的内容，对于教师改进教学课程的帮助不大。我国本科生培养模式具体分为七部分：

2.3.1.1 学科专业设置

中国的大学根据学科分类和专业需求设置不同的学科专业。学生在报考大学时可以选择自己感兴趣的专业进行学习。各个专业通常有相应的学习目标、课程设置和学术要求，旨在培养学生在特定领域的专业知识和技能。

2.3.1.2 课堂教学

本科生在大学期间主要通过课堂教学进行学习。教师根据专业的学科特点和课程设置，进行理论讲解、案例分析、实验实践等教学活动。学生参与课堂讨论、完成作业和项目，进而掌握专业知识和学术能力。

2.3.1.3 实践教学

为了提升学生的实践能力，中国的本科生教育注重实践教学环节。这包括实验课程、实习实训、科研项目等。学生通过实际操作和实践项目，巩固理论知识，培养实际应用能力，并与实际问题和专业实践接轨。

2.3.1.4 课程设计和选修课

本科生教育注重培养学生的综合素质和广泛知识面。除了专业课程，学生通常需要修读一定数量的通识教育课程和选修课程。这些课程涵盖人文科学、社会科学、自然科学等不同领域，旨在培养学生的跨学科思维能力和批判性思维能力。

2.3.1.5 学术指导和辅导

大学通常为本科生提供学术指导和辅导服务。学术导师或辅导员可以帮助学生规划学业、解答学术问题、提供学习建议等。学生可以通过与导师或辅导员的交流，获得个性化的学术支持和指导。

2.3.1.6 实习和实践机会

为了提升学生的职业竞争力，本科生教育积极推动学生参与实习和实践活动。学生可以通过校内和校外的实习机会，与企业、机构或社会组织合作，亲身体验工作环境，提升职业技能和实践能力。

2.3.1.7　毕业论文或设计

本科生通常需要完成毕业论文或设计项目。这是学生在专业领域进行独立研究或实践项目的机会。通过完成毕业论文或设计项目，学生可以展示自己的研究能力、创新能力和综合运用专业知识的能力。

2.3.2　英国的本科生培养模式

英国的高校采取跨学科本科生的本科导师制，以牛津大学为例，作为享誉全球的世界一流大学，牛津大学的人才培养模式最大的特色在于学科间的交叉融合与先进的本科导师制。牛津大学高等教育政策研究中心主任大卫·帕尔菲曼（David Palfreyman）较客观地评价了导师制之于牛津大学本科生教育的重要价值。[①] 陈晓菲通过质性研究对28位牛津大学本科生进行半结构式的深度访谈发现：牛津大学导师制的实施路径可以分为辅导前、辅导中与辅导后三个阶段，并具有四种不同的目标内涵。牛津大学本科导师制的学生体验包括两个维度，分别是实施体验与目标体验，表现出个性化的指导方式、平等包容与权责清晰的师生关系、重视原著阅读的研导内容、多元背景的同伴作用四个特征。且较为全面、细致地分析了导师制在本科生教育中的重要作用。王辉等人对牛津大学导师制的历史进行梳理并归纳，总结出牛津大学导师制的内涵：以能力培养为目标、以正式或非正式的个别性导师课为指导方式、以导师指导过程中师生交流与思维碰撞为核心、培养学术精英的教学制度。

2.3.2.1　学科专业设置

英国的大学根据学科分类和专业需求设置不同的学科专业。学生在报考大学时可以选择自己感兴趣的专业进行学习。各专业通常有相应的学习目标、课程设置和学术要求，旨在培养学生在特定领域的专业知识和技能。

2.3.2.2　教学方式

英国的本科生教育注重学生主动参与和自主学习。课堂教学通常采用小班教学形式，鼓励学生进行讨论和互动。教师更多地扮演导师和指导者的角色，引导学生进行独立思考、解决问题和开展研究。学生需要积极参与课堂

---

① Palfreyman D. A Review of "Reconstructing Autonomy in Language Education: Inquiry and Innovation"[J]. Language Awareness, 2008, 17(4): 348-351.

讨论、完成独立研究项目和小组作业等。

2.3.2.3 研究导向

英国的本科生教育强调研究导向，即培养学生具备研究和批判性思维能力。学生通常需要进行独立研究或参与研究项目，通过文献综述、实验设计、数据分析等方法，深入研究特定领域的问题。研究导向的教学模式有助于培养学生的问题解决能力和创新能力。

2.3.2.4 个性化学习

英国的本科生教育注重个性化学习，鼓励学生根据自己的兴趣和目标进行学习规划。学生可以根据自己的学术兴趣选择选修课程或专业方向，并在学业中注重个人发展和自我实现。这种个性化学习模式有助于激发学生的学习动力和创造力。

2.3.2.5 评价方式

英国的本科生教育采用多样化的评价方式，以全面评价学生的学术能力。除了传统的考试形式，还包括论文写作、小组项目、实习报告、演示展示等。这种评价方式有助于培养学生的批判性思维、表达能力和实际应用能力。

2.3.2.6 导师制度

英国的大学通常实行导师制度，为学生分配导师或学术顾问。导师是专门负责指导学生学业和发展的教师或学术人员。学生可以与导师进行面对面的交流，讨论学术问题、规划学业和职业发展等。导师制度有助于提供个性化的学术指导和支持。

2.3.2.7 实习和职业发展

英国的本科生教育注重培养学生的职业能力和就业竞争力。学生可以通过实习和职业发展中心提供的资源，参与实习项目、校园招聘会和职业指导等活动，了解职业领域的要求和机会。实习和职业发展的机会有助于学生将学术知识应用到实际工作中，并为未来的职业发展做好准备。

跨学科、深度交叉融合的人才培养模式意味着英国学科组织形态的划分并不是基于授课教师的学科背景或研究方向，而是在很多学科的课程大纲设计时，就考虑了跨学科性。以通信工程专业来说，将人工智能作为一门单独的课程，与通信技术、无线电技术等课程一起作为通信工程的必修课程，这不仅反映了专业学科之间的交叉、重叠和融合状态，也是现实中越来越明晰的学术生态。而本科导师制最先进的地方在于学生与导师可以直接进行沟通，由导师给出问题和指导意见，学生通过自主学习进行准备，分时段向导师进行报告和答疑，这样就省略了学生提出反馈意见，学校收到意见后传达给导师，导师再进行调整的阶段，同时也解决了信息反馈的质量问题，因此，学生与导师面对面交流就是最真实的反馈，导师可以直接通过学生的回答或者读书笔记判断教学的方式是否需要调整。除此之外，这种学制下高效的反馈速度也解决了班级授课制中普遍存在的反馈机制周期过长的问题。

2.3.3 美国的本科生培养模式

美国大学注重学生能力的培养胜于注重学生学习成绩的培养，其把能力培养视为学习的目标和成效，在确定能力培养的方向和要素构成时，又以培养目标为导向。培养目标是期望学生毕业若干年后实现的结果，是发展的指向；实现人才培养目标、实现发展追求，需要能力来支撑。所以，美国高校把学生在接受专业教育后应该具备或形成哪些能力素质，也就是说专业教育帮助学生发展哪些胜任力（Competency）作为高校本科人才能力培养的优先问题来考虑。

2.3.3.1 学科专业设置

美国的大学提供广泛的学科专业选择。学生可以根据自己的兴趣和目标选择主修专业，并在大学期间进行深入学习。美国的本科生教育注重学科的多样性和跨学科的整合，鼓励学生在多个领域进行学习和研究。

2.3.3.2 通识教育

美国的本科生教育注重通识教育，旨在培养学生的综合素质和广泛的知识面。学生需要修读一定数量的通识课程，涵盖人文科学、社会科学、自然科学等不同领域。通识教育培养学生的批判性思维、沟通能力和跨学科思维能力。

2.3.3.3 自主选课

美国的本科生通常有较大的课程选择自由度。学生可以根据自己的兴趣和学术计划，在规定的要求范围内自主选择课程。这种自主选课制度有助于学生个性化的学习规划和学术发展。

2.3.3.4 小班教学和研讨课程

美国的本科生教育注重小班教学和研讨课程。教师与学生之间的互动和讨论是教学的重要组成部分。学生可以在小班环境中与教师和同学进行交流与合作，培养批判性思维、问题解决能力和团队合作能力。

2.3.3.5 实践教育

美国的本科生教育强调实践教育的重要性。学生可以通过实习、实验、实地考察等方式将课堂所学与实际应用相结合。实践教育有助于学生将理论知识应用到实际问题中，并培养实际操作和解决实际问题的能力。

2.3.3.6 科研机会

美国的本科生教育提供丰富的科研机会。学生可以参与教师的研究项目、实验室工作或独立研究项目，深入探究特定领域的问题。科研机会培养学生的科学方法和研究能力，并为进入研究型研究生课程或职业领域做好准备。

2.3.3.7 跨学科和终身学习

美国的本科生教育鼓励学生进行跨学科和终身学习。学生可以在主修专业之外选择跨学科的课程，拓宽自己的知识面。此外，本科生教育也注重培养学生终身学习的能力，使他们能够在职业生涯中不断适应和学习新知识。

2.3.3.8 评价方式

美国的本科生教育评价方式多样化。除了传统的考试形式，还包括论文写作、小组项目、实验报告、演示展示等。这种综合评价方式能够全面地评价学生的学术能力、研究能力和实践能力。

约翰斯·霍普金斯大学、哈佛大学、密西根大学、伊利诺伊大学厄巴纳-香槟分校的生物医学工程专业都获得了国际工程专业认证，它们将 ABET 标准中的能力要求作为帮助本科生发展和成就的能力要求；而加州大学伯克利分校、麻省理工学院则提出了自己的专业能力要求。一是综合通用型的，如批判性思考、分析、有效表达、沟通、团队合作能力、道德和社会责任感等；二是专业技能型的，如识别、定义和解决生物医学工程问题，工程设计能力、实验能力等。反映了美国高校围绕学生发展，关注学习效果、以学生为中心、通专结合的教育理念。同时，这些能力要求都是可观察、可测量的，对于学生来说，这些就是他们专业学习所达成的成果，他们的注意力、学习策略和方法都应集中在这些能力要求上。

以美国著名的常春藤联盟高校为例，常春藤大学也是采取应用型的本科人才培养模式，但与我国应用型人才培养模式不同的地方在于我国高校（如中国民航大学的双语班制）通常采取的是传统意义上的大班级授课制度，即将同一专业的学生按人数（通常是 20~50 人不等）分为几个班，进行统一的教学与学习。值得一提的是，美国还有一些其他高校，如普渡大学与密歇根州立大学，他们采取的则是STEM（Science，Tecnology，Engieneer，Math）人才培养模式，STEM人才培养模式，即重点培养具有科学素养、科技素养、工程素养和数学素养的STEM人才，STEM人才培养模式将这四个专业领域进行整合，要求其灵活运用所学到的跨学科综合知识，在STEM领域有所建树。

这两种模式都采取小班制度，每3~5个学生分为一个小班（最多不会超过6个人），在每个学期开始就制订本学期的学习计划和学习目标，导师和学生都享有高度的学习自主权，不拘泥于形式、地点、时间，由学生为主导，花费大量的时间进行自主学习后，再由导师对学生在这一过程中产生的问题进行解答或者调整方向，在某种意义上类似于英国的本科导师制，学生少、面对面交流时间多的优势，使该培养模式下的教育信息反馈质量很高。

2.4 我国与英美国家本科生实践环节模式比较

2.4.1 我国的本科生实践环节模式

以中国民航大学通信工程专业为例，集中性实践环节的课程，本科生实践环节的信息反馈一般通过实验报告的形式来进行。可以看出其中有类似于通识教育的实践课程，如军训、形势与政策是所有中国高校本科生的必修课，目的是锻炼学生艰苦奋斗的精神，提高他们的思辨能力。其中还包括实习实训、社会实践、创新创业、实验和实践课程、学科竞赛、毕业实践和设计、学术论文等。

2.4.1.1 实习实训

我国的本科生教育注重实习实训环节的设置。学生通过在企事业单位、科研机构或社会组织等实习实训，将理论知识应用到实际工作中。实习实训旨在提供学生与实际工作环境接轨的机会，培养学生的实际操作能力、团队合作能力和职业素养。

2.4.1.2 社会实践

社会实践是我国本科生教育的重要组成部分。学生通过参与社会调研、社会服务、社会实践项目等方式，了解社会现实、发现问题，并尝试解决问题。社会实践有助于学生拓宽视野、增强社会责任感和公民意识。

2.4.1.3 创新创业

我国的本科生教育重视培养学生的创新创业能力。学校鼓励学生参与创新创业项目，并提供创新创业实践的平台和资源。学生可以通过科技创新、创业比赛、创业实训等方式，培养创新思维、创业意识和创业技能。

2.4.1.4 实验和实践课程

实验和实践课程是我国本科生教育中的重要环节。学生在实验室或实践课程中进行实际操作，学习实验技术和实践技能。实验和实践课程旨在培养学生的动手能力、实验设计能力和数据分析能力。

2.4.1.5 学科竞赛

学科竞赛是我国本科生教育中的重要组成部分。学生可以参加学科竞赛，如数学建模、电子设计、英语演讲等，展示自己的学科专长和综合能力。学科竞赛有助于培养学生的问题解决能力、团队合作能力和创新能力。

2.4.1.6 毕业实践和设计

我国的本科生教育通常要求学生完成毕业实践和设计项目。学生需要在指导教师的指导下，选择一个研究课题或设计任务，并进行独立或团队研究。毕业实践和设计旨在整合学生所学的知识与技能，培养学生的研究能力、创造能力和综合素质。

2.4.1.7 学术论文

学术论文是我国本科生教育中的常见要求。学生在培养过程中需要撰写学术论文，展示自己对特定领域的研究和理解。学术论文要求学生具备文献综述、研究设计、数据分析和论证能力。

不难看出该实践课程体系虽然基础教育做得很好，但一方面缺乏前沿性和实用性，另一方面大学生实践活动也呈现任务化、数量化、指标化的趋势，粗放指导与项目化管理并存，甚至个别活动过度商业化、盲目跟风和互相攀比。比如，近年来个别高校组织学生到企业充当廉价劳动力而被投诉的现象屡见报端，也有个别高校因为没有落实实验室实习安全管理机制而导致重大事故发生。在实验报告或结课报告中，学生绝大部分在描述实验目的、实验步骤，教师的评分标准也着重于这部分内容，这就造成了学生和教师对课程或教师的建议板块不重视，导致实践环节又成了另一种意义上的书面考试，除去有着标准答案的实验目的和实验过程、结果，教师无法从学生的结课报告反馈中得到有效的信息，无法形成一个良好的反馈循环。

2.4.2 英国的本科生实践环节模式

英国的本科生实践环节模式主要包括以下六个方面：

2.4.2.1 实习

英国的本科生教育鼓励学生进行实习。学生可以通过与企业、组织或机构的合作，参与实际工作项目并获得实践经验。实习可以在学期期间进行，也可以在寒暑假期间进行。实习的目的是让学生将课堂所学与实际应用相结合，培养他们的职业技能和就业竞争力。

2.4.2.2 实验和实践课程

英国的本科生教育注重实验和实践课程的设置。学生可以在实验室、工作室或现场环境中进行实际操作和实践活动。这些课程旨在培养学生的实验设计能力、实践技能和解决问题的能力。学生通过实验和实践课程，能够加深对理论知识的理解，并掌握相关技术和方法。

2.4.2.3 项目和团队合作

英国的本科生教育鼓励学生参与项目和团队合作。学生可以与同学合作，共同完成课程项目或研究任务。这些项目和团队合作旨在培养学生的团队合作能力、沟通能力和领导能力。通过与他人的合作，学生能学会协调合作、分工合作和解决合作中的问题。

2.4.2.4 社区服务

英国的本科生教育注重学生参与社区服务。学生可以参与志愿活动、社区项目或公益活动，为社区提供服务。社区服务旨在培养学生的社会责任感、公民意识和领导能力。通过参与社区服务，学生能够理解社会问题，提升自己的社会参与能力。

2.4.2.5 项目研究

英国的本科生教育鼓励学生进行项目研究。学生可以在指导教师的指导下，选择一个研究课题，并进行独立或团队研究。项目研究培养学生的研究能力、创新能力和批判性思维能力。通过深入研究特定领域的问题，学生掌握研究方法和技巧，并产生独立的研究成果。

2.4.2.6 实践性论文或报告

英国的本科生教育通常要求学生完成实践性论文或报告。学生需要选择一个实践项目或实践经验，并撰写相关的论文或报告。实践性论文或报告要求学生结合实际经验和理论知识，进行分析和总结。通过撰写实践性论文或报告，能够提升学生的学术写作能力和批判性思维能力。

以谢菲尔德大学电子信息工程专业为例。在三年的本科学习中，谢菲尔德大学并没有像我国高校一样将实验实训环节放在最后一年，而是贯穿整个教学环节，某些大的项目可能横跨整个学期，也有只需要几周就可以完成的小项目，小项目一般作为个人项目由学生独立完成，而大项目由 3~6 个学生组成一个小组共同完成，通过这些大大小小的项目考核，量化考核指标，让学生掌握实践技能、专业应用能力、团队沟通与合作能力。同时，高度开放实验室，本科生、硕士，甚至博士都有可能在同一个实验室进行学习，导师对实训随时进行过程督促与指导，为学生顺利完成项目提供帮助，亲身参与学生学习的每一个环节，用最直接的方式得到教学信息的反馈，包括实验设施是否存在问题、实验环节设置是否需要调整等。

与此同时，在剑桥大学也有类似的实践环节。剑桥大学社会科学博士项目专门成立个人与专业发展中心（Center of Personal and Professional Development），为学生提供与专业相关的实践机会。中心立足于英国社会发展及剑桥大学的发展需要，通过开设一系列课程、整合校内外资源为学生提供丰富的实践机会。学生不仅可以从该中心获得相关职业辅导，还可以申请长达六个月的实习期。中心与包括大英图书馆、国家卫生部、国家统计局等在内的 27 个非学术机构签署了合作协议，为学生提供了广阔的实习平台。在实习期间，剑桥大学还为学生提供经济补助，以补偿学生因住宿和交通而产生的费用。

2.4.3 美国的本科生实践环节模式

美国的本科生实践环节最大的特色在于完整的实践教学体系，其实践教学体系包括以下七部分：

2.4.3.1 实习

美国的本科生教育非常重视实习。学生可以通过与企业、组织或机构合作，参与实际工作项目并获取实践经验。实习可以在学期期间进行，也可以在暑期或其他假期期间进行。实习的目的是让学生将学术知识应用于实际工作环境中，培养他们的职业技能和专业素养。

2.4.3.2 实验室研究

美国的本科生教育注重实验室研究。学生可以在实验室中与教师或研究人员合作，参与科学研究项目。通过实验室研究，学生能够学习科学方法、实验设计和数据分析等技能，培养科学研究能力和创新思维。

2.4.3.3 社区服务

美国的本科生教育鼓励学生参与社区服务。学生可以参与志愿活动、社区项目或公益活动，为社区作出贡献。通过参与社区服务，学生能够培养社会责任感、领导能力和团队合作能力，同时加深对社会问题的认识。

2.4.3.4 实践性课程

美国的本科生教育提供了各种实践性课程。这些课程通常结合实际案例、模拟情境或实际项目，让学生参与实际操作和解决实际问题。实践性课程可以是工程设计、商业计划、媒体制作、社会工作实践等，旨在培养学生的实践能力、分析能力和解决问题的能力。

2.4.3.5 项目研究

美国的本科生教育鼓励学生进行项目研究。学生可以在导师的指导下，选择一个研究课题，并进行独立或团队研究。研究项目可以是学术研究、科学实验、文化调查等，旨在培养学生的研究能力、批判性思维和创新能力。

2.4.3.6 创业和创新

美国的本科生教育鼓励学生参与创业和创新项目。学生可以通过创业竞赛、创业实践课程或创业孵化器等途径，将创业和创新转化为实际项目。创业和创新能够培养学生的创造力、团队合作能力和商业意识。

2.4.3.7 毕业实践和综合项目

美国的本科生教育通常要求学生完成毕业实践和综合项目。学生需要在指导教师的指导下，完成一个综合性的项目，整合所学知识和技能，并展示专业能力和综合素质。

具体以美国布里奇波特大学的电子信息工程专业为例。与国内的实验教学环节不同，美国高校在实验教学环节除指导教师外一般还会有一名实验助理，教师在进行10%~20%的理论教学后由学生自行开展实验，遇到不懂的问题互相交流和探讨，实在不懂的事项再向实验助理或指导教师进行咨询；而我国教师非常注重知识的全面性和体系性，从基础知识到具体操作，所有的步骤都会事无巨细地教给学生让其消化吸收。另外，布里奇波特大学做得非常好的一点是与各大通信企业建立联系，为学生提供一线的实践基地，学生可以直接在这些一线企业进行实习。这种教学、产学高度结合的方式对于应用型本科通信工程类专业教育来说，有利于把学科的社会需求、前沿现状、发展计划在教学环节中具象化，提升毕业生的竞争力。用人单位对毕业生的工作评价则是对整个本科学习环节的最直接反馈，如应届毕业生所学的课程体系是否适配岗位的知识需求，如果不符合则调整课程体系，在学校里锻炼的能力和解决问题的能力是否达到用人单位的标准等，如果不符合则对培养模式进行调整、优化。

同时，在哈佛大学人才培养过程中体现了鲜明的问题导向，虽然学科领域包含三个不同专业方向，但每个专业都以教育领域关键问题为基准。该项目鼓励学生积极关注现实中的教育问题，以期培养学生将不同学科的专业知识进行结合并以此探索现实中的复杂教育问题的解决方案。为此，哈佛大学教育研究生院与学校各相关部门、社会组织等建立了合作关系。例如，教育政策研究中心是地区、州、基金会和大学研究人员建立的合作中心，旨在通过对数据的收集与分析等为教育政策的制定与调整提供参考。

2.5 我国与英美国家本科生教育质量保障措施比较

2.5.1 我国的本科生教育质量保障措施

在我国高等教育质量保障体系的发展与建设中，政府的行政力量是主要的推动力。但随着高等教育大众化的深入发展，高等教育的规模已然实现跨越式的发展，办学主体和办学形式，以及学生个性均呈现多样化趋势，依靠政府行政力量集中管理的模式已经不适应现阶段高等教育质量保障的模式。由于长期依赖于政府部门统筹管理，各大学内部的质量危机意识尚待提高，质量保障意识与社会的需求和学生的发展存在一定的脱节，同时也体现大学自身的教学质量保障意识缺乏自觉性、主动性和自我约束机制。大学应根据自身的发展定位，建立独立、自主的教育质量保障体系。然而，不同地区经济和高等教育发展水平不一致，决定了每所大学的质量保障措施又不尽相同。不同类型院校内部质量管理、保障措施和战略目标应形成多样化的态势，结合所在地区的“资本”，为大学的发展提供比较大的优势，从而进一步提高质量，巩固竞争优势。

我国的大学几乎不存在淘汰制，没有淘汰制也就意味着没有压力，没有压力就会导致部分学生产生消极的学习态度，进而影响大学整体的教学质量。

因此，在我国高等教育迈向大众化方向，实行由“严进宽出”向“宽进严出”转型的今天，扩大高校的自主办学权，建立学生学业的淘汰制度，不仅是保障学生的受教育权，也是促使大学保障教学质量的重要举措。同时，我国本科生教育质量保障措施主要还包括以下六个方面：

2.5.1.1 教育法律法规

我国制定了一系列教育法律法规，对本科生教育进行监管和管理，其中包括《中华人民共和国教育法》《普通高等学校教育质量监控条例》等。这些法律法规规定了本科生教育的基本要求、质量标准和监管机制，保障了本科生教育的质量。

2.5.1.2 评价和认证

我国开展本科生教育评价和认证工作，构建教学质量评价体系，对高校的本科生教学质量进行评价和监测。教育部、各省级教育行政部门，以及相关教育机构组织评价工作，评价内容包括教学质量、师资力量、教学资源、学生学习成果等方面。评价结果对高校的办学资质和排名有重要影响，促使高校加强本科生教育质量的改善和提升。

2.5.1.3 课程设置和质量监控

我国的本科生教育注重课程设置和质量监控。高校根据专业需求和社会需求，制定科学合理的课程体系和课程计划。教师和教学管理部门对课程内容、教材选择、教学方法等进行监控和评价，确保课程的质量和有效性。

2.5.1.4 师资队伍建设

我国高校注重师资队伍建设，提高教师的教学水平和专业素养。学校通过招聘、培养和激励优秀教师，加强教师培训和交流，提升教师的教学能力和学术水平。同时，建立教师考核和评价制度，促使教师提高教学质量和教学效果。

2.5.1.5 学生评价和反馈

我国的本科生教育重视学生评价和反馈。高校通过学生评教、问卷调查等方式，收集学生对教学质量、教学内容和教师表现的意见与建议。学校将学生评价作为改善教学质量的重要参考，及时调整和改进教学方法与完善教学内容。

2.5.1.6 质量监测和信息公开

我国的本科生教育进行质量监测和信息公开。教育部、各省级教育行政部门，以及相关教育机构定期对高校的本科生教育进行质量监测和评价。监测结果和评价报告向社会公开，提供给学生、家长和社会各界参考，促使高校推动本科生教育质量的改善和提升。

保障优质教学的最终目的在于培养合格的毕业生，为社会发展提供智力支持。学生就业力的培养和提升需要借由学习来塑造与强化，这就意味着优质教学是提升毕业生就业力的保障。保障优质教学，需要行政管理层、教师和学生三个方面的分工与合作。

2.5.2 英国的本科生教育质量保障措施

2.5.2.1 从颁布政策的角度来提高教学质量

主要包括：（1）增加额外拨款用于教学现代化、奖励优秀教师和学生，为学生提供更多的信息等，以此提高教学质量。（2）建立教授资格新标准。（3）建立新的国家团体——教学质量学会，旨在提高本科生教育质量。2016年5月16日，英国商业、创新和技能部发布了白皮书《知识经济时代的成功：卓越的教学、社会流动和学生的选择》（*Success as a knowledge economy: teaching excellence, social mobility and student choice*）。该白皮书的发布开启了英国政府对高等教育和科研体系的改革，并从三个方面提出主要政策决议和改革措施，包括鼓励高等教育市场化竞争、扩大学生的知情权和选择权、促进学生社会流动并搭建教学卓越框架（Teaching Excellence Framework，TEF）以提高教学质量。

2.5.2.2 从课程的角度来保障本科生教育

翰威特·邓达萨（Nola Hewitt Dundas）和斯蒂芬·罗珀针（Stephen Roper）发现了现在英国高等教育越来越成为一种市场化的服务而带来的竞争问题。为了吸引和保留高级教师及付费生源，他们提出采取撤销旧课程、采用新课程并利用面板数据分析本科生学位课程的改革措施。① 保罗·阿什温（Paul Ashwin）分享了他对于高质量本科课程的理解，随即针对如何提高和评价本科课程的质量提出了一系列改革措施。②

---

① Hewitt Dundas N ,Roper S . Innovation in UK higher education: A panel data analysis of undergraduate degree programmes[J]. Research Policy,2018,47(1):121-138.

② Ashwin P. Transformational accounts of students' undergraduate education are evoked by their engagement with knowledge[J]. Higher Education,2024:1-17.

2.5.2.3 从教育目标的角度来保障本科生教育

阚阅等人提出了英国大学本科目前所出现的一些新趋势，如“投资性的培养日益明显”，首先是从一开始的强调自由到逐渐把大学当作一种“投资决定”，用投入和产出来决定要不要做；其次是教育目标由塑造人格向传授职业技能变化，英国高等教育的普及使培养目标从精英变成了合格的社会公民；再次是从达到基本教育质量标准到展示大学的卓越与独特变化的趋势；最后是国际化趋势日益明显。

2.5.2.4 从设立质量保障机构的角度来保障本科生教育

英国设立了独立的质量保障机构，如英格兰与威尔士的质量保障机构（Quality Assurance Agency for Higher Education，QAA）和苏格兰的高等教育质量保障机构（Quality Assurance Agency for Scotland，QAA Scotland）。前者通过定期对高校进行评价和审核，以确保它们符合教育质量标准和要求。通常通过对学校的访问和文件审查进行评价，包括课程、师资、学生支持和学术标准等方面。与此同时，QAA 制定了一系列标准和指南，用于指导高校的教学和质量保障工作。这些标准和指南涵盖课程设计、教学方法、学生评价、学术支持与学生支持等方面，旨在确保教育质量的一致性和高水平。最后 QAA 鼓励学生参与教育质量保障的过程。他们与学生组织合作，收集学生对教学和学习经验的反馈，并将其纳入评价和审核的考虑因素中。学生参与可以帮助确保学校和教育机构关注学生需求，并改善教学和学习环境。而后者通过苏格兰高等教育质量保障机构对学校进行评价和审核，确保其符合苏格兰教育质量标准和要求。评价过程包括对学校的访问和文件审查，涵盖教学质量、学术标准、学生支持和学术研究等方面。同时，QAA Scotland 制定了适用于苏格兰高等教育的标准和指南，用于指导教学和质量保障工作。这些标准和指南与苏格兰的教育体系及需求密切相关，确保教育机构提供适应苏格兰学生需求的教学和学术环境。如前者一样，最后 QAA Scotland 鼓励学生参与教育质量保障的过程，并将其反馈信息纳入评价和审核的考虑因素中。

2.5.2.5 从学术标准和指南的角度来保障本科生教育

学术标准是确保英国本科生教育质量的基准，涵盖课程设计、教学方法、学术支持等方面。这些标准由质量保障机构制定，目的是确保高校提供符合要求的学术经验。学术标准通常涉及课程设计、教学方法和学术支持三个方面。指导性文件和指南用于具体指导高校的教学和质量保障工作。这些指导性文件和指南由质量保障机构、专业学科组织，以及教育部门等机构制定，与学术标准相辅相成，提供更具体的操作指南。这些指导性文件与指南通常包括课程开发和审核、教学和评价方法、学生支持和福利、质量保障和审核程序。

2.5.2.6 从师资队伍监管的角度来保障本科生教育

在英国的本科生教育质量保障措施中，师资队伍监管是一个重要的方面。确保高校拥有合格、经验丰富和教学能力强的教师团队对于保障教育质量至关重要。

（1）师资资格要求。英国的本科生教育质量保障措施要求教师具备一定的资格和背景才能从事教学工作。通常，教师需要具备四个条件：第一，学位要求。教师通常需要拥有相关领域的硕士或博士学位，以确保他们具备深入的学科知识和专业背景。第二，教育经验。教师需要具备一定的教育经验，这可以通过在高校或其他教育机构的教学工作、研究项目或工作实践等方式获得。第三，教学能力。教师需要展示良好的教学能力，包括教学方法的选择和运用、学生指导和评价等方面的能力。第四，继续教育。教师需要不断更新自己的知识和教学技能，参加继续教育和专业发展活动，以保持其教学水平和专业素养。

（2）师资评价和认证。英国的本科生教育质量保障措施要求高校对教师进行评价和认证，以确保他们具备必要的教学能力和资质。通常，师资评价和认证包括四个方面：第一，教学观察。学校或院系会对教师进行定期的教学观察和评价，以评价他们的教学能力、教学方法的有效性等。第二，学生评价。学生的反馈对于评价教师的教学质量至关重要。学校会收集学生对教师的评价和建议，并将其作为评价教师的参考依据。第三，同行评议。学校可能会组织同行评议，邀请其他教师或专家对教师的教学能力和学术贡献进行评价。第四，教学培训和发展。学校会提供教师专业发展机会，包括教学培训、研讨会和交流活动等，以帮助教师提高其教学能力和专业素养。

（3）质量保障机构的监管。英国的质量保障机构对高校的师资队伍进行监管。质量保障机构会评价和审核高校的教学质量保障措施，包括师资队伍的管理和监管情况。他们会要求高校提供师资队伍的相关信息和资料，并根据一定的准则和标准进行评价。

（4）教师职业发展支持。英国的本科生教育质量保障措施还向教师提供职业发展支持，以促进教师的专业成长和发展。这些支持包括：第一，培训和研讨会。高校会组织各种培训和研讨会，为教师提供进一步的教学技能培训和学术发展机会。第二，学术交流和合作。教师可以参与学术交流和合作项目，与其他领域的专家、学者和教师进行合作，分享经验和研究成果。第三，职称晋升和评定。教师可以通过表现、教学质量和学术研究等方面的成就来申请职称晋升，如从讲师升为高级讲师或教授。第四，学术研究支持。教师可以获得学校的支持，开展学术研究项目，提升其学术声誉和专业水平。

2.5.3　美国的本科生教育质量保障措施

从教学方式方面进行改革。1998 年，博耶本科生教育委员会发表《重建本科教育：美国研究型大学蓝图》的报告，该报告由于不满当时美国研究型高校中本科生教学忽视培养学生的现象，呼吁各高校给予本科生教育更多的重视，并提出了 10 条与教学相关的改革建议。在这些建议下，美国各高校也提出要进行以研究为基础的学习，开展新生研讨课等措施。吴立保指出了 20 世纪 90 年代美国本科生教育开始向学习范式整体转型，以学习为关注点，推进由“教”向“学”的转变，至此美国高等教育领域开展了基于“学习范式”的本科生教育改革探索活动。[①] 王奕俊分析了美国为改革其本科生教育长期以来的根本性问题而在 2011 年颁布的“红气球项目”，该项目从四个方面提出了改革本科生教育的新理念：①高校由提供教学的机构转化为产生知识的机构。②教师角色由内容提供者转变为环境设计者。③教师的工作方式由个体工作转化为团队合作。④学习空间由物理空间拓展为虚拟空间。

从课程体系方面进行改革。李海玉分析了美国自 20 世纪 60 年代以来本科生教育质量下降的原因，以及到 20 世纪 90 年代为了提高本科生教育质量而采取的举措，即发挥智力和资源优势，提升教学质量、调整课程结构，保持通识教育与专业教育的平衡，以及改革教师激励制度，扭转重科研轻教学的局面。[②] 尚红娟认为以学生的学习为中心、满足学习权利、强调学习结果、丰富学习体验、鼓励学习创新并促进学习成功是 21 世纪初期美国本科生教育改革的核心及发展趋势。[③] 此外，还有一些从制度保障及培养目标方面进行本

---

① 吴立保. “学习范式”下美国研究型大学本科教育改革的经验及启示［J］. 现代大学教育，2017（6）：45-52.

② 李海玉. 1990 年以来美国研究型大学本科教育改革的背景、举措及启示［J］. 社会科学家，2014（10）：23.

③ 尚红娟. 美国一流本科教育的改革与发展趋势［J］. 现代大学教育，2018（3）：37.

科生教育改革的措施。例如，李海玉提到的改革教师激励制度以及尚红娟指出的鼓励学生创新能力培养等。

总体而言，笔者发现美国从 20 世纪 80 年代起就一直比较关注本科生教育质量，关于本科生教育的改革有以下五点趋势：①在培养目标上，越来越注重学生能力的培养，包括创新能力及自主学习的能力等。②在教学方法上，越来越重视教师的“引导”作用，而非“灌输”作用，学习范式由“教”转变为“学”。③在课程设置上，越来越倡导通识教育及专业知识之间的互相转化。④在制度保障上，提倡改革教师激励制度，鼓励优秀教师更好地为本科生服务，从而进一步提高教学质量。⑤在学习空间上，拓展了学习的空间，让学习跨越了学校的“围墙”，鼓励信息技术的广泛使用。

现如今，美国的本科生教育质量保障措施在一定程度上是分散管理的，由各州的教育部门、认证机构和高校共同负责。

2.5.3.1 认证和认可

美国的高校通常需要获得认证和认可，以确保它们符合一定的教育质量标准。认证机构是由美国教育部和地方教育机构授权的独立组织，负责评价学校的教学质量和运营管理水平。这些机构会对学校的师资队伍、课程设置、学生支持服务和学术资源等方面进行评价，确保学校达到一定的教育标准。获得认证和认可的学校通常可以向学生颁发合法的学位。

2.5.3.2 学术自律和行业标准

美国的高校通过建立和遵守学术自律与行业标准来确保教学质量。这些标准包括教学目标的设定、课程设置、教学方法、学生评价和学术研究等方面。学校通常会制订详细的教学计划和指南，确保教师按照标准要求进行教学，并为学生提供必要的学术支持与资源。

2.5.3.3 学生评价和反馈

学生评价和反馈是美国本科生教育质量保障的重要组成部分。学校会定期收集学生的评价和反馈，以了解教学质量和学习环境。学生的评价可以包括课程评价、教师评价和学生满意度调查等。学校会根据这些反馈对教师的教学能力和课程进行改进，以提高教学质量和学生体验。

2.5.3.4 教师评价和发展

美国的高校通常会对教师进行评价和发展，以保证教师的教学质量和专业发展。教师评价可以包括同行评议、学生评价、教学观察和教学组合评价等。学校会为教师提供教学培训、专业发展机会和指导，帮助他们提高教学能力和学术水平。

2.5.3.5 质量保障机构的监管

美国的高等教育质量保障机构（如 WASC、NEASC、SACS 等）负责对学校的教学质量进行监管和评价。这些机构会定期对学校进行审核和认证，确保学校符合教育标准和要求。他们会对学校的师资队伍、课程设置、学生支持服务和学术资源等方面进行评价，以确保学校的教学质量和运营管理达到一定的水平。

2.5.3.6 数据收集和报告

为了评价和监督教育质量，美国的高校通常需要收集和报告各种数据。这些数据可以包括学生的入学率、毕业率、满意度、就业率，以及教学资源和学术研究成果等。学校会将这些数据报告给认证机构和其他利益相关方，以展示其教学质量和成果。

2.6 我国与英美国家本科课程体系研究现状比较

2.6.1 我国本科课程体系研究现状

在我国，课程体系的含义有广义和狭义之分。狭义的课程体系特指课程结构，是各类课程之间的组织和配合。广义的课程体系应是一个系统，它是指在一定的教育价值理念指导下，将课程的各个构成要素排列组合，使各课程要素在动态过程中统一指向课程体系目标（或专业目标）实现的系统。一般包括三个层次：第一，宏观的专业设置，涉及高等教育的学科及专业；第二，中观的课程体系，涉及某专业内部课程体系的问题；第三，微观的教材体系，涉及某专业内某具体课程的教学内容。本书研究的是通信工程类专业的课程体系，属于课程体系的中观层次，是指高校为了达到其专业培养目标而设计并指导学生的所有学习内容及其构成要素的总和。它包括课程在内且是以培养方案所涉内容为主体部分的学校教育教学系统。

笔者通过大量的文献阅读，发现国内关于课程体系的分析与评价，主要集中在课程体系评价标准的制定与修正、课程体系评价指标体系的研究和应用数学评价方法评价课程体系上。

2.6.1.1 课程体系评价标准的制定与修正

朱捷以价值链流程分析寻找评价者在课程体系评价过程中应遵循的路线，沿着路线归纳分析影响课程体系动态平衡的评价因素包含科学性、有效性、系统性、程序性等原则，指出要解决好影响因素的门类、比例及其相互关系的问题。① 王骥等人谈到我国现行课程评价必须进行相应的合理性变革：从刚性标准走向弹性标准，即要求评价标准多元化和具有模糊性，从工具性手段走向人文化手段，即用人文科学范式中的质性评价代替自然科学范式中的量化评价，体现课程评价对人的关怀而非桎梏，从等级化关系走向民主化关系，通过评价对象参与评价及评价者和评价活动的对象化改变传统课程评价的等级化格局。②

2.6.1.2 课程体系评价指标体系的研究

王树章在军队医学研究生课程建设质量评价指标体系的研究中，采用统计学现况描述法、德尔菲法、层次分析法和加权平均法建立了包括 3 项一级指标、11 项二级指标、33 项三级指标在内的切实可行的指标体系，为完善课程建设提供合理有效的评价依据，并为研究生教学管理提供真实可靠的决策依据。③ 彭颖、颜国欢系统分析了网络课程评价指标体系的构建原则，主要是从学生、教师、管理员角度出发对教学、交互、评价、管理等六个系统进行考察的全面性原则，强调设计出一些具有创新性和持续性的指标使评价向网络课程创新方面侧重的创新性原则，并在初期利用专业理论知识进行定性评价，在试用阶段利用问卷和访谈进行数据统计实现定量评价。④

2.6.1.3 应用数学方法评价课程体系

高扬通过分析总结一手资料，将行政管理专业分为六大模块，运用层次分析法确定课程体系的一级和二级指标权重，发现行政管理专业课程设置的

---

① 朱捷. 基于素养本位优化单元整体教学——以一则小学英语单元教学案例的规划与设计过程为例 [J]. 现代教学，2024 (23)：140-141.

② 刘雯景，王骥，李振华，等. 专业认证背景下工科专业课课程思政教学探索与实践——以电磁场与电磁波课程为例 [J]. 大学教育，2024 (22)：96-101.

③ 王树章. 军队医学研究生课程建设质量评估指标体系研究 [D]. 上海：中国人民解放军海军军医大学，2005.

④ 彭颖，颜国欢. 信息化条件下网络课程评价指标体系构建的基本原则探究 [J]. 科技信息（科学教研），2008 (25)：378.

不足，从而提出完善的策略。[①] 赵秀凤、赵玉莲运用方根法简化了模糊评价的权重集求解过程，以具体课表作为研究对象，实施模糊综合评价，验证了该方法的可行度。[②] 叶菁、沈斐敏采用两两比较法分析评价层指标，利用 AHP 法建立有序化课题层次结构模型，分四个等级采用百分制来评审，克服以偏概全的缺点，避免权重的分配不均衡。[③]

2.6.2　英国本科课程体系研究现状

据相关文献报道，英美国家对“课程体系”尚未定义专属概念，国内“课程体系”这一定义与“Program”意思较为接近，指的是专门化教育的组织方式。而专门化教育是通过主修不同方向的课程来进行的。其组织方式及隐藏在这种组织方式背后的指导思想与我国有很大区别。从形式上看，“主修”和“专业”都是由不同的课程组织来体现的。可见，不同的课程组织即发达国家教育中的课程体系，是其培养人才的主要方式和途径。通过查阅大量国外文献，发现英国本科课程体系的评价理论大概涉及以下八种模式：

2.6.2.1　目标导向评价模式理论

目标导向（Objective Soriented）评价模式是指以目标为评价活动的核心与依据的概念和方法体系。这一模式对于教育改革和教学评价有着重要贡献，至今仍在课程评价中占据主导地位，此模式是以泰勒评价观为基本思想的。泰勒认为，教育就是使人的行为方式发生变化与改进的过程；学生形形色色的行为方式的改变就是教育目标；教育评价就是对预定结果与实际结果进行比较，看其在多大程度上实现了教育目标；人的行为是复杂的，评价要从各方面进行，不仅要有分析，而且要有综合；评价方法仅靠纸、笔是不够的，还应使用包括行为观察在内的多种手段。因此，泰勒课程评价观的主旨就是，通过系统地、有目的地收集资料，来判断实际的活动是否达到预期的教育目

---

① 高扬. 基于模糊层次综合评价法（FAHP）的课程体系结构评价研究——以南昌大学电子信息工程专业为例［D］. 江西：南昌大学，2011.

② 赵秀凤，赵玉莲. 基于层次分析法的课程表的模糊综合评价［J］. 数学的实践与认识，2008，38（24）：5-11.

③ 叶菁，沈斐敏. 层次分析法在基础课程评估中的应用［J］. 机械工业高教研究，2002（S1）：70-73.

标及程度。[①]

2.6.2.2 CIPP 综合评价模式理论

"CIPP"综合评价模式是由美国著名的教育评价家斯塔弗尔比姆及其同事在对泰勒模式进行反思的基础上提出来的，[②] 它是由背景评价（Context Evaluation）、输入评价（Input Evaluation）、过程评价（Process Evaluation）和成果评价（Product Evaluation）四种评价组成的一种综合性的评价模式。该模式以决策为中心，不局限于目标达成度，而是从决策方案开始，到方案的实施完成，作完整、全面的评价。评价过程是为决策及其实施提供信息的过程，强调评价最重要的目的不是证明，而是改善。

2.6.2.3 消费者导向评价模式理论

消费者导向评价模式理论（Consumer Oriented Evaluation Approaches），是美国斯科里文等人发展出的评价理论、方法和技术。[③] 它的基本观点是评价不仅要发挥"总结性"作用，还应重视"形成性"作用，对事物的优缺点和价值进行系统评价。评价的基本准则应是事物满足确实需要的程度。评价者必须从消费者需要的观点，来确认教育工具的真正成果及其价值，而不问预定的目标如何。这就是说，课程、教材等教育工具的价值，来自其结果与受其影响的公众需要之间的一致性。

2.6.2.4 课程设计与开发

英国的高校关注课程设计和开发的研究，以确保课程内容与教学目标的匹配。研究人员探索不同学科领域的最新发展和趋势，以及学生的需求和期望，从而设计出富有挑战性和创新性的课程。研究还涉及教学方法和评价方式的设计，以促进学生的主动学习和培养学生的批判性思维。

2.6.2.5 教学质量与效果评价

英国的高校进行教学质量与效果评价的研究，以了解课程的教学效果和

---

① Jeice S ,Padmanabhan S . Culturally constituted self in Taylor and Gramsci：A concern for philosophy of education[J]. Educational Philosophy and Theory,2024,56(14):1403-1413.

② Shulga, M. A., Poperechna, G. A., Kondratiuk, L. R., Petryshyn, H. R., & Zubchyk, O. A. (2021). Modernising education：unlearned lessons from Frederick Taylor[J]. Linguistics and Culture Review, 5(S2), 80-95.

③ Franco Z,Karen S. Reactivity of kaolinitic clays calcined in the 650°C - 1050°C temperature range：Towards a robust assessment of overcalcination[J]. Cement and Concrete Composites, 2024.

学习成果。研究人员使用各种评价工具和方法，包括学生评价、教学观察、学业成绩和就业数据等，来评价教学的质量和学生的学习成果。这些评价结果对于改进课程设计和教学方法具有指导意义。

2.6.2.6 跨学科课程和综合素质培养

英国的高校越来越注重培养学生的跨学科能力和综合素质，这也成为课程体系研究的一个重要方向。研究人员探索如何将不同学科领域的知识和技能融合到课程中，提升学生的综合思考和解决问题的能力。他们还研究如何通过课程设计和教学实践来培养学生的创新能力、团队合作能力和跨文化交流能力等。

2.6.2.7 技术与教育创新

随着科技的不断发展，英国的高校也在研究如何整合技术和教育创新到本科课程中。研究人员探索在线学习、移动学习、虚拟现实等新兴技术在课程教学中的应用，以提高学生的学习效果和体验。研究人员还研究如何利用数据分析和学习分析来了解学生的学习行为与需求，从而进行个性化的教学和支持。

2.6.2.8 国际化与全球视野

英国的高校重视培养具有国际视野和全球竞争力的毕业生。因此，研究人员也关注如何在本科课程中融入国际化元素和全球视野。研究涉及国际合作项目、跨国课程设计、跨文化教学和学生交流项目等方面，以培养学生的国际意识、跨文化交流能力和全球问题解决能力。

2.6.3 美国本科课程体系研究现状

高校本科课程体系不仅是塑造学生知识结构和决定人才培养质量的关键，也是学校专业发展和教育资源综合实力的体现 。美国本科课程体系的研究以培养专业人才为目标，注重提升学生的教育体验和专业能力；学院与研究机构、当地社区组织建立广泛而稳定的合作关系，为学生提供专业认证与实践机会。这些反映到课程体系层面表现为以下六个方面：

2.6.3.1 教学方法和创新

研究人员关注如何改进教学方法，保证学生的学习效果和参与度。他们研究使用新的教学技术和工具，如在线学习平台、虚拟实验室和智能化教育系统等，以及教学策略，如问题导向学习、合作学习和跨学科教育等。研究还包括评价教学方法和创新对学生学习成果的影响。

2.6.3.2 跨学科和综合素质教育

随着跨学科研究的重要性日益突出，研究人员探索如何在本科课程中促进跨学科学习和综合素质教育。他们研究如何设计跨学科课程，促进不同学科领域的融合和交叉学习，并培养学生的批判性思维、问题解决能力和创新能力。

2.6.3.3 学生参与和主动学习

研究人员关注如何提高学生的参与度和主动学习能力。他们研究如何设计课程和教学活动，鼓励学生积极参与课堂讨论、项目实践和经验交流，以及研究如何提供个性化的学习支持和反馈。

2.6.3.4 课程评价与质量保证

研究人员关注如何设置课程及怎样评价来保证本科课程的质量。以密西西比州立大学的课程设置为例，英语写作、科技写作课程 12 学分，占总学分的 9.4%，是学生写学术论文和作学术报告的基本要求，同卡内基梅隆大学、威斯康星大学、密苏里大学等高校课程设置一样，母语写作和表达都占有一定的学分。与此同时，他们也研究各种评价方法和工具，包括学生评价、教学观察、课程成果评价和学习成果评价等，以检测课程的有效性和学生的学习成果。

2.6.3.5 多样性、包容性和公平性

研究人员探索如何在本科课程中促进多样性、包容性和公平性。他们研究如何设计有包容性的教学环境，以满足不同学生群体的需求，包括种族、性别、文化和社会背景等。研究还涉及如何提供平等的学习机会和资源，以确保教育的公平性。

2.6.3.6 职业准备和技能培养

研究人员关注如何将本科课程与职业准备和技能培养相结合。他们研究如何与行业合作，提供实习机会、实践项目和职业发展支持，以培养学生所需的专业知识和技能，增强他们的就业竞争力。

3 本科生培养过程管控要点及教学质量评价体系构建

3.1 本科生培养过程管控要点

过程管控在高校人才培养质量管控体系中扮演着重要的角色，它是实现人才培养质量标准的途径和支撑。以中国民航大学通信工程专业的本科生培养管控方案为例，结合控制理论和全面质量管理理论，可以将通信工程类本科专业人才培养过程分为输入、过程和输出三部分，并通过连贯的过程性管控来确保学生达到甚至超越预设的通信工程类本科专业人才培养质量标准。

在过程管控的框架下，教育者将注重培养目标和毕业要求，并在教学的各个环节中明确教育方向。首先，通过设计合理的课程体系结构，确保学生在学习过程中能够系统地掌握通信工程类专业的核心知识和技能。这些课程涵盖通信工程领域的基础理论、实践技术和前沿发展，以满足学生全面发展的需求。其次，教育者将注重学生对理论知识的学习，并将其运用于实践中。通过教学方法和实践活动的创新，学生可以参与到实际项目、实验室工作、模拟演练等实践中，将所学知识应用于实际问题的解决。这样的实践经验可以帮助学生巩固和拓展他们的专业知识，培养解决问题的能力和创新思维。最后，过程管控还关注培养本科生的心智发展。教育者将注重学生的全面素质培养，包括德育、智育、体育、美育和劳动教育。通过多样化的教育活动和资源，学生可以参与社区服务、文化艺术活动、体育锻炼等，培养道德品质、领导能力、团队合作精神和提高身体素质。

总之，过程管控在通信工程类本科专业的人才培养中起到重要作用。通过细致的规划和有序的控制，教育者可以确保学生在学习过程中达到既定的质量标准，并培养出具备专业知识、实践能力和全面素质的通信工程人才，以满足社会对高素质专业人才的需求。

3.1.1 设置课程体系结构

对于通信工程类专业来说，在课程体系中设置通识教育的必修课和选修课是大学人才培养体系中不可或缺的重要组成部分。必修课，如思想政治教育、语文、英语、自然科学概论等，能够帮助通信工程类专业的学生树立正确的世界观、价值观和方法论，掌握良好的表达交流技巧，提高科学素养，为后续专业学习和全面发展奠定坚实的基础。而选修课涉及人文艺术、社会科学、跨学科等领域，学生可根据自身兴趣爱好、未来发展方向等自主选择课程，这旨在满足学生个性化发展的需求，拓宽学生的知识视野，培养他们的创新思维和跨学科融合能力，激发个性潜能。这对于通信工程类专业学生来说十分关键，因为其在未来的工作中要面对各种复杂的工程问题，要具备综合素质和灵活应变能力。二者协同发挥，一方面提供共性的知识和素质培养；另一方面满足不同学生的个性化需求，最终实现本科生全面而有特色的成长，为社会培养出综合素质优良的应用型人才。

专业教育中的专业基础课是指为了培养学生掌握某一专业的基础理论知识和基本技能而开设的课程。通信工程作为一个综合性较强的专业，涉及信息论、电磁场理论、信号处理、通信网络等众多学科知识，这些知识既相互关联又各有侧重。因此，学校开设如电路理论、电磁场和电磁波、信号与系统等课程，为学生教授了通信系统的基本原理和分析方法，使他们能够理解通信工程中的物理现象和数学模型。这些专业基础课程并非简单地堆砌知识点，而是通过循序渐进的学习，让学生逐步构建完整的通信工程理论框架，为后续的专业核心课程和工程实践奠定坚实基础。

专业必修课是通信工程类专业学生必须掌握的核心知识和关键技能。例如，数字通信、无线通信、通信网络等课程都是通信工程类专业的主干课程，涵盖通信系统的设计、分析和实现等关键内容。专业选修课则可以为学生提供更加丰富和多元的发展方向。随着通信技术的快速发展，通信工程涉及的领域也越来越广泛，学生可以根据自身的兴趣和特长选择相关的选修课，如嵌入式系统、网络安全、大数据等，拓宽知识视野，培养专业特色。总之，专业课程的设置是通信工程类专业人才培养的关键环节，既注重专业基础知识的培养，又兼顾个性化发展和实践应用，为学生的全面发展提供了坚实支撑。

通信工程类专业的实践教学指的是在教学过程中安排的各种实践性环节，旨在帮助学生将所学理论知识转化为实际操作和解决问题的能力。一方面，学生通过针对某个具体的通信系统或技术问题，进行方案设计、仿真分析、硬件电路设计等综合性实践环节，可以亲身体验通信系统的设计、调试和优化，培养动手能力和解决实际工程应用问题的能力；另一方面，组织学生到通信企业、研究所等单位进行为期数周的实习，可以使学生近距离接触通信行业前沿技术和企业生产实践，增强对行业的认知，发现自身知识和技能的不足，从而调整学习方向，提高就业竞争力。此外，实践教学有助于培养学生的创新思维和团队协作能力。通过参与项目设计、开发、调试等实践活动，学生不仅能综合运用所学知识，还能练就独立分析问题、创新解决方案的能力。同时，团队协作、沟通表达等软实力也在实践中得到锻炼，这些都是通信工程师必备的重要素质。

随着通信技术日益革新，行业需求也在不断变化。选修课程设置可以及时地引入新兴技术和追踪前沿发展方向，如人工智能、大数据、云计算等，使学生掌握最新的专业知识和技能，还可以邀请业界专家授课，让学生更好地了解行业发展趋势和企业需求，有助于培养适应行业发展的复合型人才，为学生未来的事业发展注入动力。

3.1.2 优化理论知识授课方法

在向本科生传授理论知识时，应当注意内容既要实际又要具体，不能搞假大空，要从实际情况出发；且需要“鲜活”，不能呆板，应当联系时事，使本科生理解得更加透彻；还要注重“通俗”，既要学习又要思考，不能云里雾里。理论知识考核是本科生极为重要的毕业刚需，通过期末考试来检验学生的熟练程度。理论高于实际，通过相应的引导让学生们积极地参与到实践中。理论知识来自实践，理论是对社会实践的升华和总结，而知识理论则是前人通过大量的社会实践得出的结论。人的一生是有限的，不能也不可能参与一切社会实践去获取理论知识，因此，要想真正地了解先辈们为我们预备的真理，就必须从理论知识中学习。理论知识授课在本科生教育质量保障体系中具有重要的作用和意义。

（1）奠定知识基础。理论知识是学科领域的基础，它提供了学科的核心概念、原理和理论框架。通过理论知识授课，学生可以奠定坚实的知识基础，为后续的学习和实践提供支持。理论知识的掌握有助于学生理解学科的内在逻辑和基本原理，培养学科思维方式和分析问题的能力。

（2）完善知识体系。理论知识授课有助于形成学科的完整知识体系。通过系统性的理论知识授课，学生可以了解学科的各个领域和分支，并将其组成一个有机的整体。这有助于学生建立学科知识的框架结构，厘清学科内外在关系，培养综合思考和学科交叉融合的能力。

（3）培养分析和解决问题的能力。理论知识授课培养了学生的分析和解决问题的能力。理论知识提供了学科领域的分析方法、解决问题的思路和策略，学生通过学习理论知识可以培养批判思维、逻辑思维和创新思维。这些思维对于学生的学术研究、实践应用和职业发展都具有重要意义。

（4）推进知识的传承和创新。理论知识授课有助于知识的传承和创新。学生通过学习理论知识可以了解学科的发展历程和前沿动态，掌握学科的基本理论和现有研究成果。这为知识的传承和创新提供了基础，激发了学生对学科的兴趣和研究热情，培养了学生的学术探索和创新能力。

（5）培养跨学科能力。理论知识授课有助于培养学生的跨学科能力。学科之间存在内在的联系和互动，理论知识的学习可以帮助学生建立学科之间的桥梁，促进跨学科的思考和学习。这有助于培养学生的综合素养和综合能力，提高学生在跨学科领域的竞争力和适应能力。

综上所述，理论知识授课在本科生教育质量保障体系中具有重要的地位和作用。它是学科教育的基础和支撑，有助于学生建立知识基础、培养思维能力、促进创新和跨学科能力的发展，为学生的学术成长和未来发展奠定了坚实基础。所以在大学的时候，我们要重视理论知识，打好基础，为后续的学习工作做好准备。

3.1.3 加强跨学科课程建设

我国本科生的专业课程范围过分细化和专业化，使学生涉及的知识面过窄，这不利于知识的迁移和灵活运用，严重影响综合性人才的培养。各高校成立课程改革委员会，提倡为学生提供非主修专业的知识、文理交叉的知识或边缘学科方面的知识。因此，我国高校学生主修专业中一些跨学科课程不断涌现，其中主要包括五种不同的形式：

（1）课程设计与整合。学校可以通过课程设计将不同学科的知识和概念进行整合，构建跨学科的课程。在课程设计过程中，可以选择具有共同主题或问题的学科进行整合，以促进学生在多个学科领域中的学习和思考。跨学科课程的设计应注重学科之间的相互关联和交叉应用，使学生能够在综合性的学习环境中培养综合思维和解决问题的能力。

（2）跨学科项目学习。引入跨学科项目学习是加强跨学科课程建设的有效途径。学生可以参与具有实际意义和挑战性的项目，通过团队合作和跨学科合作解决问题。跨学科项目学习鼓励学生跨越学科边界，整合不同学科的知识和技能，培养系统思考和综合应用的能力。

（3）跨学科教学团队。建立跨学科教学团队是加强跨学科课程建设的关键。教师可以跨学科合作，共同设计和实施跨学科课程，通过分享专业知识和教学方法，提供多样化的学习体验。跨学科教学团队的合作可以促进学科之间的知识交流和融合，为学生提供更广阔的学习视野和促进学科整合能力的培养。

（4）跨学科资源整合。学校可以整合跨学科的资源，如图书馆、实验室、科研机构等，为跨学科课程提供支持和条件。跨学科资源整合可以为学生提供更多的学习资源和机会，激发学生的兴趣和创新潜力。此外，学校还可以与外部社区、行业机构等建立合作关系，为学生提供实践机会和跨学科交流的平台。

（5）跨学科评价与认证。为了有效评价学生在跨学科课程中的学习成果，学校可以制定相应的评价标准和方法。跨学科评价应该注重学生对多个学科知识和技能的综合应用，以及跨学科思维和解决问题的能力。此外，学校可以考虑为跨学科课程提供认证，以鼓励学生积极参与跨学科学习并获得相应的学术认可。

通过以上措施，学校可以加强跨学科课程的建设，为学生提供更丰富的学习体验和促进其综合能力的培养。跨学科课程的实施有助于培养学生的综合素养、创新能力和解决复杂问题的能力，为他们未来的学习和职业发展打下了坚实基础。

3.1.4 开展实践教育

开展实践教育可以帮助学生将理论知识应用到实际问题中，培养他们的实际操作能力、解决问题的能力和创新创业精神。学校可以通过实习和实训、社区服务和志愿者活动、项目研究和科研实践、创业教育和创新创业实践、跨学科实践项目等方式，为学生提供多样化的实践教育机会，促进他们的全面发展和职业准备。

（1）实习和实训。安排学生参与实习和实训活动是一种常见的实践教育方式。通过与实际工作环境接触和进行实际操作，学生可以将理论知识应用到实际问题中，锻炼实际操作和解决问题的能力。学校可以与相关企业、机构建立合作关系，为学生提供实习和实训的机会，并结合实践经验进行指导和评价。

（2）社区服务和志愿者活动。通过参与社区服务和志愿者活动，学生可以与社会接轨，了解社会问题和需求。可以培养学生的社会责任感、团队合作和领导能力，同时可以提高他们进行沟通和人际交往的能力。学校可以组织或支持学生参与各类社区服务和志愿者项目，鼓励他们在服务他人的过程中学习和成长。

（3）项目研究和科研实践。鼓励学生进行项目研究和科研实践是开展实践教育的重要手段。学生可以参与科研项目、创新设计、实验室实践等活动，深入探索学科领域，培养科学研究和创新能力。学校可以为学生提供科研导师或指导教师的支持，指导学生进行项目研究，并组织学术交流和展示活动，促进学生的学术成长和交流合作。

（4）创业教育和创新创业实践。为学生提供创业教育和创新创业实践的机会，可以培养学生的创新思维、创业精神和实际操作能力。学校可以开设创业课程、举办创新创业竞赛等活动，引导学生开展商业模式设计、产品开发和市场营销等实践项目，同时提供创业孵化器和资源支持，帮助有创业意愿的学生实现创业梦想。

（5）跨学科实践项目。组织跨学科实践项目是开展实践教育的创新方式。学校可以通过跨学科团队合作的方式，设计和实施具有实际意义和挑战性的项目。跨学科实践项目可以培养学生的综合能力、团队合作和解决问题的能力，同时促进不同学科之间的交流和合作。

（6）理论知识与实践相结合。理论知识与实践相结合才能发挥最大的效能。以理论为导向，以实践为基础，二者相辅相成，互为补充。理论研究的目标是实践，只有实践才能证明真理，只有通过实践，才能检验真理。提升本科生的实践能力是提高本科生素质的重要手段。学生将所掌握的专业知识、技术和方法结合起来，并通过文献调查对问题进行剖析，以解决日常生活中遇到的问题，这便是实践的要点。

3.1.5 加强人文主义教育关怀

21 世纪本科生教育的目标是提高学生的语言表达能力、写作能力、艺术审美能力和人文素养，让学生在学习过程中不局限于书本理论，体会到快乐。所以，大学本科教学不仅要重视学生的专业知识，还需要注重他们综合素质的培养和人文素质的提高。并且，建议本科院校在原有的专业课程领域以外开展相应的课程体系，如创新课程、多学科交叉等，多方面培养创新型应用人才，或者是根据学生的兴趣提供未来的职业生涯规划。专业课程拓展，既可以提高学生的学习兴趣，又可以促进他们对美好生活的向往。学校还可以提供第二学位证书，使学生能够在其他学科中学习，从而充实自己的知识；同时，还要鼓励学生多读国外经典著作、关注国际政治时政要闻，以提高阅读水平，拓宽国际视野。另外，学校应该为本科生开设职业实训岗位，促进实习，使其把所学到的知识和技能应用于实践中，使本科教学得到更多的应用。不能局限于某一环节，一定要重视综合素质的培养。

欧内斯特·L. 博耶发表的《美国教育报告》主张，研究型大学教育，特别是本科教育，不仅要重视学科教育、学术研究，而且要注重学生的情感和认知能力。[①] 加强本科学生人文主义教育关怀对于培养学生的人文素养、道德观念和社会责任感非常重要。

（1）教师关怀和指导。在本科生教育的实践中，教师不仅需要传递知识，还需要塑造学生的思想和加强人文关怀。教师在教学过程中要关注学生的个体需求和发展，给予他们关怀和指导。教师可以通过与学生的积极互动、个别辅导等方式，了解学生的学习情况、兴趣爱好和成长需求，帮助他们树立正确的价值观念和人文关怀意识。学生在进入学校后，教师可以进行一对一的教学，并要求学生积极参加科研活动，促进学生的创造性思维。《国家中长期教育改革和发展规划纲要（2010—2020 年）》明确提出，要提高高校的教学质量，必须加强师资队伍建设，加强科研工作，推动传统文化遗产的传承。通过构建教师绩效考评制度，把绩效考评融入教师绩效考核中，发动学生积极参与，强化课堂教学活动。另外，大学还设置了导师任用制度，可以有效地掌握学生的生活学习状态，及时关注学生心理状态的变化情况，及时地在学生的生活上给予帮助，在心理上帮助他们树立正确的人生观、世界观、价值观。

（2）人文主义教育课程。学校可以设计和开设人文主义教育课程，引导学生思考人生意义、伦理道德和社会责任等问题。这些课程可以涵盖哲学、

---

① 李妍，方芳，钟越，等. 解析本科生科研训练计划及其在医学高等教育的意义[J]. 中国科教创新导刊，2014（11）：111-113.

伦理学、社会学、心理学等学科内容，通过案例分析、讨论和互动等教学方式，培养学生的人文素养和思辨能力。

（3）社会实践和志愿者活动。鼓励学生参与社会实践和志愿者活动，增强他们对社会问题的关注和参与意识。学校可以组织或支持学生参与社区服务、公益活动等，让他们亲身体验社会的多样性和需求，培养他们的社会责任感和关怀他人的精神。

（4）人文兴趣和审美情操。学校可以提供各种人文艺术活动和资源，激发学生对文学、艺术、音乐、电影等方面的兴趣。组织文学讲座、艺术展览、音乐会等活动，鼓励学生参与创作和表演，培养他们的审美情操和人文素养。

（5）学术诚信和道德行为。学校要加强学术诚信和道德行为的教育，引导学生树立正确的学术道德观念。通过课程教育、宣传引导和学术规范建设等措施，加深学生对抄袭、作弊等不道德行为的认识，培养他们的诚信意识和责任担当。

（6）心理健康与辅导。关注学生的心理健康是人文主义教育关怀的重要方面。学校可以提供心理健康教育和咨询服务，帮助学生解决心理问题和困扰，增强他们的自我认知和情绪管理能力。同时，学校还可以开展心理健康宣传活动和培训，提高全校师生对心理健康的重视和关注程度。

通过以上措施，学校可以加强本科生人文主义教育关怀，培养学生的人文素养、道德观念和社会责任感。这不仅有助于学生的个人成长和综合素养的提升，也有助于培养具有人文关怀精神的社会公民。

3.1.6 建立更人性化的教育管理体制

人性化教育管理体制，是当代本科生教育质量提升的主要渠道之一。传统的高校教育管理模式，虽然管理效果较好，但总体而言缺乏足够的“生气”，要想提升高校的教学品质，就要使教育管理制度向人性化趋势转变。建立更人性化的教育管理体制是关注学生个体需求和发展，提供更全面和更细致的教育管理服务。

（1）学生关怀和支持。教育管理体制应该注重学生的个体差异和需求，提供个性化的关怀和支持。建立学生档案系统，记录学生的学习情况、兴趣爱好、家庭背景等信息，通过学生辅导员、班主任等管理人员与学生进行定期或不定期的交流，了解他们的学习和生活情况，提供必要的帮助和指导。

（2）参与决策。学生参与决策是人性化教育管理的重要方面。在一些重要的管理决策中，鼓励学生代表参与讨论和表达意见。例如，可以设立学生代表团队，与学校管理层进行定期交流和沟通，让学生在课程设置、学校规章制度等方面发表意见和建议，从而提供学生参与决策的机会和权利。

（3）弹性化的学习模式。教育管理体制应该提供弹性化的学习模式，满足学生的个体学习和兴趣发展需求。学校可以开设选修课程、开放式课程和自主学习项目，让学生根据自己的兴趣和能力进行选择与安排学习内容及学习时间。同时，通过在线学习平台和资源共享，提供多样化的学习资源和途径，满足学生的不同学习需求。

（4）健康与心理支持。教育管理体制应该重视学生的身心健康，提供相应的支持和服务。学校应建立健康教育和心理咨询机构，开展健康教育课程、心理咨询服务和心理健康宣传活动等，帮助学生解决身心健康问题，提高他们的自我认知和情绪管理能力。

（5）培训与专业发展。教育管理体制应该关注教师和管理人员的专业发展和培训需求。学校可以组织教师培训、教学研讨会和学术交流活动，提供持续的专业发展机会。同时，鼓励管理人员参加管理培训和提升课程，提高他们的管理水平和服务能力，以更好地应对学生的需求。

（6）管理流程的简化和透明化。教育管理体制应该简化管理流程，提高管理效率，并保持透明和公正。减少烦琐的行政手续和文件，优化管理流程，为学生提供便利和高效的服务。同时，建立信息公开制度，向学生和家长提供管理决策的相关信息，增强管理的透明度和公正性。

综上所述，建立更人性化的教育管理体制需要关注学生的个体需求和发展，提供关怀和支持，鼓励学生参与决策，提供弹性化的学习模式，关注学生的健康与提供心理支持，培训和发展教师与管理人员，简化和透明化管理流程。这样的教育管理体制将有助于提高学生的学习积极性和满意度，促进他们全面发展和成长。

3.1.7 为师生营造创新环境

在本科生教育中，教师与学生扮演着举足轻重的角色。课堂教学要求师生共同努力，才能真正达到师生对高等教育的期望。要充分运用现代信息技术，搭建网上教学平台，使学生在网上获得更多的知识，灵活把握学习时间，实现线上课程的自主学习。

在本科生教育中，教师要正确地培养和指导学生的人文精神，这是本科生教育赋予教师的责任与义务，其只有发挥传道、授业、解惑的作用，才能使高等教育更具有价值。因此，教师必须树立正确观念，切实承担自己应有的责任和义务，利用好各种有利条件，努力做到“为人师表”“教书育人”“育德为本”等，以自己的高尚情操感染学生，引导学生把个人价值追求融入社会实践之中，引导他们树立正确价值观，从而全面培养其各方面素质及能力。

此外，在课程教学中，教师要积极主动地投入课堂，用丰富的内容、富有内涵的语言感染课堂上的每一位学生，并运用多种教学手段相结合的方法激发学生对该课程的学习兴趣。在教学中还需要注意培养学生发现问题的意识和解决问题的能力。教师需要在课下及时注意学生的状态，与学生进行沟通，以激发学生的主动性、参与性，从而取得较好的教学效果。

（1）提供资源支持。为师生提供必要的资源和设施，如实验室、工作室、图书馆等，以支持他们的创新活动和研究项目。确保这些资源易于访问和使用，鼓励学生充分利用，进行实践和探索。

（2）引入创新教育方法。采用创新的教育方法，如问题导向学习、项目驱动学习、团队合作等，激发学生的学习兴趣和主动性。通过开放性的讨论和探索，引导学生思考和解决现实问题，培养他们的创新思维和解决问题的能力。

（3）鼓励跨学科合作。创新常常涉及多学科的交叉融合。鼓励师生进行跨学科合作，促进不同学科领域的交流与合作，培养学生的综合素养和跨学科思维。学校可以开展跨学科研究中心或课程，提供平台和机会，促进师生之间的合作与创新。

（4）激励创新思维和实践。为学生提供创新奖励和机会，激励他们展示和分享自己的创新成果。学校可以开展创新竞赛、科技展览、创业比赛等活动，鼓励学生提出创新想法并将其实践。同时，为教师提供创新教学奖励和支持，鼓励他们在教学中尝试创新方法和教学技术。

（5）提供创新导师和指导。指导和支持是学生创新的重要保障。学校可以邀请行业专家、创业导师等来校园开办讲座，为学生提供专业的指导和建议。同时，建立创新导师制度，为学生配备导师，帮助他们规划和实施创新项目，并提供必要的指导和反馈。

（6）培养创新文化。创新需要一种开放、包容和鼓励的文化氛围。学校应该倡导尊重和欣赏不同的观点与想法，鼓励学生表达和分享自己的创新思维。组织创新论坛、讲座和展览等活动，营造积极的创新氛围，让创新成为学校的核心价值和共同追求。

3.1.8　重视定期考核

安排随堂测试、期中考试、期末考试是必要的，能让学生更有效率地复习，并且这是一种极好的查漏补缺的方式，可以暴露学生在学习中存在的问题，并及时解决，从而为其提供定量的反馈。同时，这也可以反馈教师授课的成果。本科生涯中极其重要的绩点便是由考试成绩决定的。

（1）奖学金制度。可以按照相应的奖励比例，给予班级中绩点较高的学生相应的奖学金。

（2）保送研究生。绩点在保研期间的总体表现中起主要作用；并且绩点作用于毕业或者一些参赛门槛。

（3）毕业需要。绩点可以最直观地显示本科生大学时期的学习状况，现在大多数学校也采用绩点制，对学生的绩点有一定的规定，要求毕业时绩点不得低于某一理论值，对低于该绩点的学生，学校一般不会向其授予学位证。

定期考核在健全本科生教育质量保障体系方面也起着重要作用。

（1）促使教学质量的持续改善。定期考核可以为学校和教育机构提供一种监督与评价的机制，促使其对本科生教学质量进行持续改善。通过定期考核，可以评价教学效果、教学资源配置、课程设置与更新、师资队伍建设等方面的表现，并根据评价结果采取相应的改进措施，提升教学质量。

（2）评价教学目标的实现情况。定期考核可以对本科生教育的目标和标准进行评价，确保学校和教育机构在培养学生知识、技能与素养方面取得预期的成果。通过考核，可以评价学生的学习成绩、毕业生就业情况、学生满意度等指标完成情况，了解教学目标的实现情况，并进行有针对性的改进和调整。

（3）保障教学质量的可持续发展和稳定性。定期考核在这一过程中发挥了关键作用，能够监控教学质量的稳定性与可持续性。通过定期的评价与考核，学校和教育机构能够及时发现和解决教学过程中存在的问题与挑战，进行必要的改进与调整，从而确保教学质量不断提高并保持稳定。此外，定期考核还有助于学校和教育机构建立完善的教育质量保障体系，确保教学质量的可持续发展。

（4）提供对外评价的依据。定期考核的结果可以作为学校和教育机构对外评价的依据，用于申请认证、评级和排名。这些外部评价的结果对于学校声誉和吸引力的提升非常重要，也能进一步推动学校提升本科生教学质量。

（5）促进信息透明和公众监督。定期考核可以促进信息的透明和公众的监督。通过公开考核结果和评价报告，学校和教育机构可以向公众展示其教学质量与改进措施，增加信息的透明度和加大公众对教育质量的监督力度，从而进一步提升教学质量。

综上所述，重视定期考核对健全本科生教育质量保障体系具有重要的作用。它能够促进教学质量的持续改善、评价教学目标的实现情况、保障教学质量的可持续发展和稳定性、提供对外评价的依据、促进信息透明和公众监督。通过定期考核，学校和教育机构可以不断提升本科生教育的质量与水平，为学生提供更好的教育服务和学习环境。

3.2 教学质量评价体系构建

使用层次分析法（Analytic Hierarchy Process，AHP）可以帮助我们通过梳理教学质量的影响因素，结合教学的流程，从培养方案、教师评价、学生评价和毕业要求指标达成度评价、就业率评价等维度来构建全过程、多元化的教学质量评价体系。

第一，培养方案是评价教学质量的重要维度之一。在培养方案的评价中，可以从培养目标和毕业要求入手。评价培养方案的有效性和适应性，看是否与学生的专业需求和职业发展目标相匹配。此外，还可以考虑课程设置的连贯性和针对性，以及是否提供了丰富的学习资源和支持。

第二，教师评价是衡量教学质量的关键因素之一。对教师的评价，可以从授课方法多样性、教学资源的充足性、教学内容的准确性和深度等方面进行。此外，布置任务评价可以考察教师的任务设计是否合理、能否激发学生的主动参与和探究精神，以及任务的难度和复杂程度是否适宜。

第三，学生评价是衡量教学质量的另一个重要维度。学生评价可以从考试成绩和自身能力两个方面进行考察。考试成绩虽然可以反映学生对知识的掌握和理解程度，但也应考虑教学环境对学生学习的影响。此外，对学生自身能力可以从学习动力、学习方法、团队合作能力等方面进行综合评价，以了解学生的学习状况和发展潜力。

第四，毕业要求指标达成度评价是评价教学质量的另一关键因素。毕业要求指标达成度评价可以从毕业要求的达成度入手，检查学生在学习成果和能力要求上是否达到了预期。这可以通过论文、项目作品、实习报告等方式进行评价，以确保学生在学业上的综合能力得到有效培养和提升。

第五，就业率评价是评估教学质量的重要指标之一。通过分析毕业生的就业率，可以了解学校和教育机构在培养学生职业能力和适应能力方面的成效。高就业率通常意味着学生在学习期间掌握了必要的知识和技能，能够顺利进入职场，并满足用人单位的需求。就业率的评价可以从多个层面进行，例如，可以通过跟踪毕业生的就业情况、行业分布和薪资水平来评估教育的实际效果。此外，学校还可以收集用人单位的反馈，了解他们对毕业生能力和素质的看法。这样的反馈有助于学校和教育机构不断改进课程设置与教学方法，确保学生的学习内容与行业需求相匹配。

综上所述，可以使用层次分析法来确定各个评价指标之间的相对权重，确保评价体系的科学性和合理性。通过建立全过程、多元化的教学质量评价体系，可以更全面地了解教学的质量状况，从而发现问题并采取相应的改进措施，以提高教学的效果和质量。

3.2.1　培养方案评价指标

培养方案评价指标通常包括以下几个方面：

（1）课程目标达成度。课程目标达成度是教学培养方案评价中的核心指标，旨在评估学生是否实现了课程设定的具体学习目标。首先，课程目标需明确且可测量，确保学生和教师对预期成果有清晰理解；其次，学生对这些目标的认知程度直接影响他们的学习动机和参与度，因此，通过课程导入和学习指导增强学生的理解至关重要。评估方法包括形成性评估（如小测验和课堂讨论）和总结性评估（如期末考试和项目），这些方法帮助教师及时监测学生的学习进展。数据分析和反馈机制则确保教师能够根据评估结果调整教学策略，提高课程的有效性。最终，基于达成度的分析，学校和教育机构可以优化课程设计，推动教师专业发展，从而不断提升教学质量与学生的学习体验。

（2）教学内容适切性。教学内容适切性是教学培养方案评价的重要指标之一，旨在确保课程内容既具科学性又与学生实际需求相符。首先，课程内容应基于最新的学术研究和行业标准，确保其科学性和前沿性，以便学生能够获得扎实的理论基础和实践技能。其次，内容的相关性至关重要，课程需与学科发展趋势和学生未来职业发展紧密结合，使学习具有实际应用价值。最后，课程应具备系统性和层次性，确保前后衔接顺畅，帮助学生逐步深入理解复杂概念。通过定期评价和更新教学内容，学校和教育机构能够适应不断变化的社会需求和技术进步，从而提升课程的有效性和吸引力，最终促进学生的全面发展。

（3）课程教学方法与策略。课程教学方法与策略是教学培养方案评价中的另一重要指标，旨在评价教师如何有效传授知识并促进学生学习。首先，教师应采用多样化的教学方法，如讲授、讨论、案例分析和项目驱动等，以适应不同学生的学习风格，增强课堂参与度。其次，教学策略需与课程目标紧密对接，确保每种方法能够有效支持学生达成学习成果。再次，强调学生中心的教学理念，鼓励自主学习和批判性思考，帮助学生掌握问题解决能力。信息技术的整合，如在线学习平台和多媒体工具，能够提升学习体验的灵活性和互动性。最后，教师应通过实时评价和反馈机制不断优化教学方法，结合持续的专业发展，提升自身教学能力，从而确保课程的有效性和学生的全面发展。

3.2.2 教师评价指标

3.2.2.1 教学质量评价

教学质量评价可以从以下五个方面进行考量，以全面评价教师的教学能力和表现：

（1）教学态度。教师的教学态度体现了其对教育事业的热情和责任感。这包括教师对学生的关心和尊重程度、教师对教学工作的投入程度，以及教师对教学方法和策略的不断改进与创新程度等。评价教师的教学态度可以通过学生和同事的反馈、教学观察和教学日志等方式进行。

（2）课程设置。评价课程设置主要关注教师对课程内容和结构的设计与安排。这包括教师对课程目标的明确性、教学大纲的合理性、教材和教辅材料的选择与使用等。评价课程设置可以通过课程文件和教案的审查、与教师的讨论和学生的评价等方式进行。

（3）教学方式。评价教师的教学方式关注教师在课堂上的教学方法和策略的选择及运用。这包括教师的授课方式、教学组织和管理能力、教学资源和技术的应用等。评价教师的教学方式可以通过教学观察、学生反馈和教学录像等方式进行。

（4）教学的实效性。评价教学的实效性主要关注学生在教师教育专业中所取得的学习成果和发展。这包括学生的知识掌握、技能应用、思维能力和创新能力等方面的评价。评价教学的实效性可以通过考试成绩、作业质量、学生项目作品和毕业论文等方式进行。

（5）学校的意见和评价。评价教师的教学质量还应考虑学校的意见和评价，包括学校对教师教学工作的评价和认可程度、教师在教学团队中的角色和贡献、教师参与教育研究和课程改革的情况等。

综合以上五个方面的评价，可以建立一个多维度的教师教育专业的教学质量评价体系。这样的评价体系不仅关注课堂教学的效果，还将教师教育专业的教学质量与学校的反馈和评价相结合，以全面衡量教师的教学能力和质量。

3.2.2.2 教学质量评价原则

教师教育专业课程的教学质量评价可以概括为以下九个原则：

（1）系统性原则。本科学校的教学质量评价必须以教育教学理念、教学环境、教学方法、学生反馈为基础。教育教学理念是教学质量评价系统的基础之一。教育教学理念涉及本科学校的办学宗旨、教育目标和教学价值观等方面。评价系统应该考察教育教学理念在实际教学中的贯彻程度，包括教师对理念的理解和应用、教学活动的设计与实施是否符合理念等。质量评价系统建立的闭环反馈机制是各基本因素持续改进的重要保证。因此，教学质量评价系统是对各个层次教育改革的全面反映。

（2）全面评价原则。教师课程教学质量的全面评价包括两个含义，一是评价的对象是全校为普通全日制本科学生开课的所有教师。这意味着评价的范围涵盖了整个学校的教师群体，不限于个别教师或特定课程。通过对全体教师的评价，可以更全面地了解和把握整体教学质量的情况，并为学校提供整体性的教学改进和发展方向。二是评价的教学环节包括教师的课堂教学、实验（含上机、实训）教学等。这表明评价不仅关注传统的课堂教学，还包括实践环节的教学活动。课堂教学是教师与学生直接互动的主要环节，评价应该考察教师在课堂上的教学方法、教学资源的利用，以及学生参与度等方面的表现。实验教学则是培养学生实际操作能力和解决问题能力的重要环节，评价应该覆盖这一方面，包括实验设计、指导和评价等方面的教学质量评价。

评价的内容涵盖教师课程教学的多个方面。首先是教学态度，评价应该考察教师对教学工作的热情、责任感和关注学生发展的程度。教师的积极态度和关怀对学生的学习积极性和发展至关重要。其次是教学内容，评价应该关注教师所传授的知识是否准确、完整，是否符合学科前沿和学生需求。教学内容的质量直接影响学生的学习效果和知识水平的提升。再次是教学方法，教学方法是评价的重要内容之一。评价应该考察教师所采用的教学策略和教学手段是否多样化、灵活性和适应性如何。教学方法的选择和运用对培养学生的创新思维、批判性思维和解决问题的能力至关重要。最后是教学效果，教学效果是评价的核心指标之一。评价应该关注学生的学习成果和能力发展，以及学生对教学的满意度。评价结果对于教师的教学改进和学校的教育质量提升具有重要的参考价值。

此外，评价还应该考察教师教学档案的规范程度，包括课程设计、评价与反馈、教学材料等方面的准备和管理情况。评价也应该关注教师的教学工作态度，包括教学准备的充分性、教学过程中的关注和反馈、教学问题的解决等。教学改革情况是评价的另一个重要内容，评价应该考察教师在教学改革方面的尝试和实践，以及对教学改革的反思和总结。教学研究与教学创新是评价的关键内容之一，评价应该关注教师在教学研究和教学创新方面的努力与成果。

（3）学生平时评教与期末评教相结合原则。学生对教师所承担课程的教学质量评价分为平时评教与期末评教，平时评教是教师与学生对课程教学质量进行交流和改善的一个平台，教师与学生可以进行持续的沟通以促进课堂教学质量的提高；期末评教被纳入教师课程教学质量评价之中，占一定的比例。

（4）教学成效与员工反馈并重原则。在通信工程类专业本科生的教育质量提升中，尊重教学成效与员工反馈并重原则至关重要。这一原则确保教育机构不仅关注学生在学术和实践中的学习成果，还重视用人单位对毕业生能力的反馈，从而形成一个闭环的质量评价体系。教学成效能够反映学生对基础理论和实践技能的掌握，而员工反馈则提供了关于学生在实际工作中表现的真实数据。通过结合这两方面的信息，学校和教育机构可以识别课程的优缺点，及时调整教学内容和方法，使其与行业标准和用人需求相契合，进而培养出更具竞争力和适应能力的人才。这不仅提升了教育质量，也为学生的职业发展创造了更有利的条件。

（5）重在激励、提高教学质量原则。教师课程教学质量评价的目的不仅是检验和评价教师的教学水平，更重要的是通过评价结果来激励和促进教师进步，并提高整体的教学质量。评价结果应该以积极的态度呈现，强调教师的优点和成就，并提供有针对性的建议和指导，帮助他们改进教学方法、丰富教学内容、保障教学效果。通过积极的评价结果和相应的激励机制，教师将受到鼓励和支持，更有动力去改进自己的教学方法、提升教学质量，从而不断提高学生的学习成绩和综合素质。这种以激励为导向的评价原则有助于营造积极向上的教育环境，促进教师的专业成长和学校整体教育水平的提高。

（6）发展性原则。教学评价是一种重要的手段，旨在鼓励师生，并促进教学方法的持续改进。通过持续的教学评价，学校可以收集和分析教学数据，发现教学中存在的问题和不足，并采取相应的改进措施。评价结果可以为学校提供重要的参考依据，用于制订教学改进计划和培训方案。同时，教学评价还可以促进教师之间的交流与合作，使其共享教学经验和教学资源，共同提高整个学校的教学质量。

（7）目标导向原则。评价应该以教学目标为导向，评价教师教育专业课程是否达到预期的教学目标。教学目标应该明确、具体，并符合学科标准和学生需求。评价过程应该关注学生对知识、技能和素质的掌握程度，以及他们在教师教育领域的专业素养和发展。

（8）可持续性原则。评价应该是一个可持续的过程，不仅是针对单次课程或单个教师的评价。评价过程应该反复进行，不断收集和分析数据，以评价教学的长期效果和改进的成效。教师可以根据评价结果进行教学调整和改进，以提高课程的教学质量。

（9）参与性原则。评价应该是一个参与的过程，教师和学生都应该参与其中。教师可以主动收集学生的反馈和建议，了解他们对教学的看法和需求。学生可以参与评价过程，表达对课程的评价和建议。评价结果应该及时反馈给教师和学生，以促进双方的共同成长和发展。

3.2.3 学生评价指标

如表 3-1 所示，本科生综合素质评价的内容特点是多样而全面的。本科生综合素质评价是高校根据特定的教育价值和教育目的从本科生的基本素质、身体素质、人文素质、创新素质、思想素质等方面获取重要信息，并制定相应的量化指标和实施细则。本科生综合素质评价涵盖多个方面，包括评价对象、评价原则、评价标准、评价方法和评价内容等。

表 3-1　本科生综合素质评价指标

一级指标	二级指标	三级指标
基本素质	知识基础	理论课成绩
		基本素质
	科研能力	课题研究能力
		论文撰写能力
		学习能力
身体素质	运动能力	体测成绩
人文素质	法律素质	法律法规知识
		遵纪守法能力
		依法执业
	管理能力	协调能力
		领导能力
	心理素质	自控能力
		应变能力
		预防意识
创新素质	创新意识	成就动机
		超越意识
		双向思维
	创新能力	发现问题能力
		分析问题能力
		解决问题能力
思想素质	价值观	集体主义
人际交往能力	沟通与表达能力	倾听技巧
		表达技巧
		交流能力

首先，本科生综合素质评价的内容包括明显的内显特征和隐含的内隐特征。明显的内显特征指的是可以通过客观测量或观察得到的评价指标，如学业素质和体育素质。这些指标可以通过测验分数和权重进行定量评价。而隐含的内隐特征则指的是无法直接量化的因素，如道德素质、价值观、个人修养和心理健康等。评价这些因素需要将其转化为可观测的因素，如通过言语

表达、行为表现等方式进行科学量化。

其次，本科生综合素质评价的内容涵盖多个方面。其中，思想品德修养是评价的重要内容之一，涉及学生的道德水平、价值观念和社会责任感等。学业素质评价则关注学生在学术方面的表现，包括课程成绩、学术研究和学习能力等。文体活动评价关注学生在文化、艺术及体育方面的参与和表现。身心素质评价则关注学生的身体健康状况和心理健康状态。评价本科生综合素质需要依据一定的评价原则和标准。评价原则包括客观性、公正性、全面性和可操作性等，确保评价过程的科学性和准确性。评价标准则是根据教育目标和价值取向确定的衡量指标，用于评价学生在各个方面的表现和发展情况。通过制定明确的评价标准，可以使评价结果更具可比性和可参考性。

最后，本科生综合素质评价需要使用多种评价方法，包括测验、问卷调查、观察记录、个人陈述和面试等。不同的评价方法可以提供多维度的信息，帮助评价者全面了解学生的综合素质状况。评价方法的选择应根据评价内容的特点和评价目的进行合理安排，以确保评价过程的有效性和准确性。

综上所述，本科生综合素质评价的内容特点是多样而全面的。评价内容涵盖明显的内显特征和隐含的内隐特征，包括学业素质、体育素质、道德素质、价值观、个人修养和心理健康等方面。评价过程需要遵循一定的原则和标准，并采用多种评价方法，以获得准确、全面的评价结果。这样的评价可以为高等教育提供重要的量化指标。

3.2.4 毕业要求指标达成度评价指标

毕业要求指标达成度评价是本科学历认证制度的一个重要组成部分。它通过构建课程目标与毕业要求指标点的联系，以不断提高课程质量和课程目标评价为手段，间接评价课程毕业要求的实现情况。

在本科学历认证制度中，学校和教育机构需要确保它们的课程设置和教学内容与社会对毕业生的期望及需求相一致。为此，学校和教育机构会根据所设定的课程目标和教学计划，明确指出学生应该具备的知识、技能和素质。这些目标和要求通常是对行业、专业领域和社会需求进行调研与分析后确定的。

学校会将这些课程目标与毕业要求指标点联系起来。毕业要求指标点是对学生在毕业时应达到的具体要求和标准的描述。它们可以包括专业知识的掌握程度、实践能力的展示、创新思维和问题解决能力的发展等。将课程目标和毕业要求指标点联系起来，可以确保学生在学习过程中逐步发展和达到毕业所需的能力水平。

为了评价课程毕业要求的实现程度，学校会采取一系列措施和方法。其中，课程质量的提高是至关重要的。学校会对课程进行评价和反馈，不断调整和改进教学内容和教学方法，确保课程能够有效地培养学生所需的知识和技能。同时，课程目标评价也是一个重要的手段。通过对学生在课程中的表现进行评价，可以了解他们在达到课程目标方面的程度，并间接评价课程毕业要求的实现情况。

课程目标评价可以采用多种方法和工具，如考试、作业评价、项目展示、实习报告等。这些评价方式可以帮助教师和学校了解学生在知识、技能和素质方面的成长情况，并提供反馈和指导。同时，学校还可以通过学生的综合素质评价、就业情况追踪调查等方式，了解毕业生在实际工作和生活中的表现，以进一步评价课程毕业要求的实现情况。

通过持续的课程质量提升和课程目标评价，学校和教育机构可以不断优化本科生教育，确保学生在毕业时达到所需的能力水平。同时，毕业要求指标达成度评价也为学校提供了重要的参考和依据，以便于进行本科学历认证，并向社会证明他们所培养的毕业生具备所需的素质和能力。“毕业要求指标达成度评价”是本科学历认证制度的一个重要组成部分。通过构建课程目标与毕业要求指标点的联系，以不断提高课程质量和课程目标评价为手段，间接评价课程毕业要求的实现情况。

对整个教学过程进行全面的评价，包括成绩、出勤、课堂表现、作业情况、实践或实验等。以评价的基本依据不变为前提，以课程目标评价为基础依据的毕业要求指标达成度评价可以得到更为合理、科学、具有参考性的评价结果，并且不会增加评价过程的复杂性。在未削弱毕业要求指标达成度评价功能的前提下，对课程目标的实现与否进行评价，并依据评价结果不断完善教学内容与环节，从而提高课程教学质量，实现课程目标与培养目标。

3.2.5 就业率评价指标

就业率对于教育质量的考核是非常重要的，因为它在很大程度上影响学生和家长对学校的选择。在当今社会，学生选择上本科的主要目的是获得更好的就业机会和更好的工作。因此，就业率的高低直接关系到学校吸引力和招生规模的大小及招生质量的好坏。就业率较高，意味着该学校的毕业生就业成功的概率也相对较高。这对于学生来说具有很大的吸引力，他们可以在这样的学校接受高质量的教育，并更有信心地面对毕业后的就业挑战。高就业率的学校为学生提供了更好的保障，使他们不易失业，从而提高了学生和家长对该学校的认可度。

提高就业率需要学生具备一定的专业基础知识和学习技能。学校在教学过程中要注重培养学生的学科知识和实践能力，使他们具备解决实际问题的能力。此外，学生还需要学习和掌握社会所需的各种能力，如沟通能力、团队合作能力、创新能力和领导能力等。这些能力的培养可以使学生更好地适应职场需求，并提升他们的就业竞争力。

高就业率反映了学生的整体素质较高，这意味着学校在教学质量方面表现出色。学校需要关注学生的综合素质培养，包括学术能力、职业素养和人文素养等方面。高素质的毕业生对社会的贡献较大，也更具有竞争力，从而提升了学校的声誉和影响力。

总之，就业率是评价教学质量的重要指标之一。高就业率吸引着更多优秀的新生，体现了学校教育的有效性和学生综合素质的提升。学校应该注重提高教学质量，培养学生的专业知识和技能，关注学生的综合素质培养，以提高就业率，并为学生未来的成功奠定坚实的基础。

4　教学质量评价研究

4.1　教学质量评价方法选择与评价指标权重确定

4.1.1　评价方法选择

教学质量评价维度覆盖的内容范围较广，层次较为复杂，必须选用合理、科学的评价方法对本科生培养过程中的教学质量进行评价。其中，层次分析法和模糊综合评价法是两种常用的评价方法，它们在解决模糊的、难以量化的问题方面具有一定的优势。

层次分析法是一种定性与定量相结合的决策方法。它先通过构建一个层次结构，将复杂的评价问题分解为一系列层次和准则，然后利用专家判断和比较的方式确定各个层次和准则之间的相对重要性，最后得出评价结果。层次分析法的优势在于它可以增强判断的客观性，通过相对标度的设置，减少专家主观臆断带来的消极影响。该方法能够量化地比较各个评价指标之间的重要程度，为教学质量评价提供一种相对客观的决策依据。

模糊综合评价法是一种基于模糊数学的综合评价方法。它利用模糊理论中的隶属度概念，将定性评价转化为定量评价。该方法可以将主观评价转化为数值计算，从而实现对教学质量的综合评价。模糊综合评价法的特点是系统性强、结果清晰。它能够考虑评价指标之间的相互关系和权重，综合考虑各个指标的贡献程度，从而得出对教学质量的评价结果。然而，模糊综合评价法也存在一定的主观性，因为评价指标的选择和权重的确定可能受评价者的主观意见影响。

综合运用层次分析法和模糊综合评价法可以充分发挥它们各自的优势。一是可以利用层次分析法确定评价指标的相对权重，考虑各个指标的重要性，确保评价过程具有客观性。二是可以利用模糊综合评价法对各个指标进行定量评价，将定性评价转化为定量数据，得出对教学质量的综合评价结果。这样的综合应用可以在一定程度上解决评价过程中的主观性和模糊性问题，提高评价的科学性和准确性。需要注意的是，评价方法的选择应根据具体评价目的、评价对象和评价环境等因素进行综合考虑。在实际应用中，可以根据实际情况和需求选择合适的评价方法，结合专家判断和实际数据，进行全面、准确的教学质量评价。

因此，本章使用层次分析法和模糊综合评价法相结合的方法对教学质量进行综合评价，先使用层次分析法，对各指标相对的重要程度进行打分，求出各项指标的权重，再使用模糊综合评价法，对指标体系进行评价，两种方法的结合能够在一定程度上增强评价的客观性。

4.1.2 评价指标权重确定

在确定指标权重的过程中，理论界主要提出了三种方法：主观赋权法、客观赋权法和综合赋权法。可根据评价的具体需求和指标特点来选择使用，以确定权重并进行评价。

(1) 主观赋权法。这类方法主要依据专家的主观定性判断来确定指标的权重。其中，二项系数法、环比评分法（DARE 法）、专家调查法（Delphi 法）和层次分析法等是常用的方法。主观赋权法适用于指标体系中定性指标较多且难以量化的情况。专家凭借其经验和专业知识，根据对指标重要性的判断和评价，给出相应的权重。这些方法能够综合考虑专家的意见和判断，但也存在一定的主观性影响。

(2) 客观赋权法。这类方法运用数理统计方法对指标权重进行客观判断。常见的方法包括熵值法、主成分分析法、离差最大化法和简单关联函数法等。客观赋权法适用于指标数据容易获得且可以量化的情况。通过对指标数据的分析和运算，确定各个指标的权重。这些方法能够减弱主观性，提供相对客观的权重判断，但在一些评价情境下可能无法充分考虑专家的主观判断。

(3) 综合赋权法。这类方法主要包括乘法合成法和线性加权综合法。综合赋权法结合了主客观赋权法的优点，适用于复杂项目评价。乘法合成法通过将各个指标的权重相乘，得出综合权重。线性加权综合法则通过对各个指标的权重进行线性加权求和，得出综合权重。这些方法能够综合考虑不同权重判断方法的结果，从而提供一个更全面、相对客观的权重确定值。在实际应用中，选择合适的方法取决于评价的具体情况和需求。需要综合考虑指标的性质、数据的可获得性、评价的准确性要求，以及专家的参与程度等因素。此外，还可以结合多种方法，进行权重敏感性分析和验证，以增加评价结果的可靠性和可信度。

选取层次分析法进行指标权重的研究，不仅因为层次分析法的系统性、灵活性、实用性等特点特别适合教学质量评价指标权重的确定，还因为能够凭借层次分析法主观定性特征调查影响教学质量的各项指标，获得不同的指标权重，并以此分析不同群体对教学质量评价指标关注的差异，为指标优化提供分析的基础。

4.2 应用层次分析法评价教学质量

4.2.1 层次分析法介绍

层次分析法是美国运筹学家、匹兹堡大学 Thomas L. Saaty 教授在 20 世纪 70 年代初期提出的，AHP 是对定性问题进行定量分析的一种简便、灵活而又实用的多准则决策方法。它的特点是把复杂问题中的各种因素划分为相互联系的有序层次，使之条理化，根据对一定客观现实的主观判断结构（主要是两两比较）先把专家意见和分析者的客观判断结果直接、有效地结合起来，对一层次元素两两比较的重要性进行定量描述。然后，利用数学方法计算反映每一层次元素的相对重要性次序的权值，通过所有层次之间的总排序计算所有元素的相对权重并进行排序。该方法自 1982 年引入我国以来，以其定性分析与定量分析相结合的处理各种决策因素的特点，以及其系统灵活简洁的优点，迅速在我国社会经济各个领域内（如能源系统分析、城市规划、经济管理、科研评价等）得到了广泛的重视和应用。具体步骤如下：

4.2.1.1 建立系统的递阶层次结构

层次分析法采用优先权重表示指标优劣，作为相对度量数，优先权重取值范围在 0~1 之间，指标对应的数值越大表示越重要，指标层相对目标权重采用逐层从上至下计算的方法获得。层次分析法层次结构模型如图 4-1 所示。

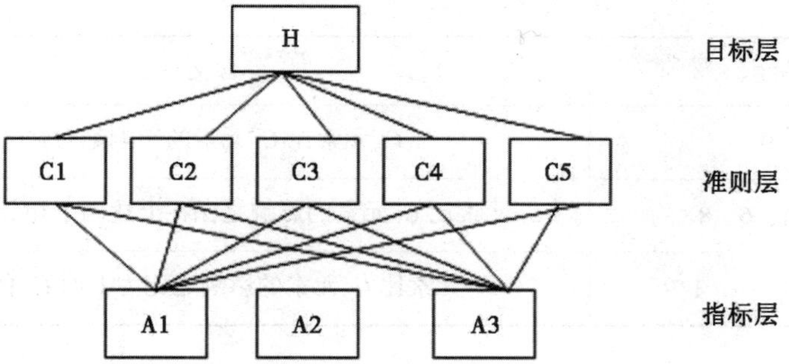

图 4-1　层次分析法层次结构模型

运用 1~9 标度法为指标层确定数值，根据人的主观判断赋值，分为同等重要、稍微重要、明显重要、强烈重要、极端重要，其余介于 1（同等重要）和 9（极端重要）之间，能有效展示人的思维判断。

4.2.1.2　构造两两比较判断矩阵

根据搭建好的层次结构模型，通过比较不同层级之间的各影响因素计算出各指标的权重，一般采用一致矩阵法构建判断矩阵，该方法每次仅对两个因素进行比较，然后按照相对重要程度进行定级。这种方式可以将比较范围限定在同一层级，避免因素属性差别过大而影响结果可靠性；同时通过两两比较，可以将影响因素或指标之间的相对重要性用数值的形式表示出来，为后续的权重计算和决策提供了量化基础。

判断矩阵是相同层级中所有属性相同的影响因素与上一层级单个因素之间相对重要程度的一个比对结果体现，通常由矩阵中的元素 a_{ij} 表示因素 i 与因素 j 相对重要程度的结果，一般采用矩阵判断标度法（1~9 标度法）。1~9 标度法等级及其赋值如表 4-1 所示。

表 4-1　9 个重要性等级及其赋值

标度	含义
1	C_i 元素和 C_j 元素的影响相同
3	C_i 元素比 C_j 元素的影响稍强
5	C_i 元素比 C_j 元素的影响强
7	C_i 元素比 C_j 元素的影响明显强

（续表）

标度	含义
9	C_i 元素比 C_j 元素的影响绝对强
2，4，6，8	C_i 元素比 C_j 元素的影响之比在上述两个相邻等级之间
1，1/2，…，1/9	C_i 元素比 C_j 元素的影响之比为上面 C_{ij} 的倒数

下一层的每一个因素对上一层的重要性是不同的，在这一层次中要比较重要程度，通过构建两两比较判断矩阵进行反映。假设指标 B_1，B_2，…，B_i 隶属于上一层指标 A_k，即可构造判断矩阵如图 4-2 所示，其中，b_{ij} 表示元素 B_i 与元素 B_j 相互比较时，所得权值的大小。

A_k	B_1	B_2	…	B_j
B_1	b_{11}	b_{12}	…	b_{1j}
B_2	b_{21}	b_{22}	…	b_{2j}
…	…	…	…	…
B_i	b_{i1}	b_{i2}	…	b_{ij}

图 4-2　判断矩阵示例

判断矩阵的性质有以下三点：

（1）$0 < b_{ij} \leq 9$。

（2）$b_{ij} = 1$。

（3）$b_{ij} = 1/b_{ji}$。

4.2.1.3　由判断矩阵计算得到各指标的权重

求各要素相对于上层某要素（准则等）的归一化相对重要度向量常用方根法，具体计算方法如下：

（1）将判断矩阵每一行元素相乘，并开 n 次方根，得

$$\widetilde{W}_i = \left(\prod_{j=1}^{n} b_{ij}\right)^{\frac{1}{n}} \qquad (i, j=1, 2, 3, \cdots, n) \qquad \text{（式 4-1）}$$

（2）对向量 $(\widetilde{W}_1, \widetilde{W}_2, \cdots, \widetilde{W}_n)^{\mathrm{T}}$ 进行归一化处理，得

$$W_i=\frac{\widetilde{W}_i}{\sum_{i=1}^{n}\widetilde{W}_i} \qquad (i=1, 2, 3, \cdots, n) \qquad （式 4-2）$$

得到的 $\boldsymbol{W}=(W_1, W_2, \cdots, W_n)^{\mathrm{T}}$ 即为所求的权重向量。

（3）计算矩阵的最大特征值 $\lambda_{\max}$

$$\lambda_{\max}\approx\frac{1}{n}\sum_{i=1}^{n}\frac{(BW)_i}{W_i}=\frac{1}{n}\sum_{i=1}^{n}\frac{\sum_{j=1}^{n}b_{ij}W_j}{W_i} \quad (i, j=1, 2, 3, \cdots, n) \qquad （式 4-3）$$

4.2.1.4　判断矩阵的一致性检验

（1）计算一致性指标 CI，即

$$CI=\frac{\lambda_{\max}-n}{n-1} \qquad （式 4-4）$$

CI 的数值越大，说明矩阵一致性偏离的程度越大；CI 的数值越小，说明矩阵一致性偏离的程度越小。

（2）查找相应的平均随机一致性指标 RI。对于多阶判断矩阵，引入平均随机一致性指标 RI。表 4-2 给出了 1~10 阶正互反矩阵计算 1000 次得到的平均随机一致性指标。

表 4-2　矩阵阶数为 1~10 的 *RI* 取值

阶数（n）	1	2	3	4	5	6	7	8	9	10
RI	0.00	0.00	0.52	0.89	1.12	1.26	1.36	1.41	1.46	1.49

（3）计算一致性比例 CR。

表中 $n=1$，2 时 $RI=0$，是因为 1，2 阶的正互反矩阵总是一致阵。

$$CR=\frac{CI}{RI} \qquad （式 4-5）$$

一致性比例 CR 用来反映判断矩阵的一致性。若 $CR<0.1$，即可判定综合判断矩阵通过一致性检验，可进行层次分析；否则，需要对判断矩阵进行适当的调整，直到 $CR<0.1$ 为止。

4.2.2　层次分析法特点

通过上一节的介绍，我们可以看出层次分析法的特点主要体现在以下六

个方面：

（1）层次分析法是一种简洁、实用的系统性分析方法。该方法将定性和定量相结合，可以把难以接受的问题转换为明确、简便的问题使人们易于接受。该系统性分析方法的思维模式是分解、判断、综合，在系统中每一层元素都会对结果造成影响，并通过量化相对值表示出来。

（2）在层次分析过程中定性成分相对占主导地位，是通过元素的权重比例计算确定元素的影响程度，涉及定量计算的相对较少，在这一点上也为层次分析法的可信程度带来了一定的问题，它是模拟人的大脑思考分析问题的决策方法，包含很多定性成分，容易引起质疑。

（3）层次分析法将问题分解为多个层次，从总体目标到具体的准则和指标。通常，层次分析法的层次结构包括目标层、准则层和指标层。目标层代表决策的最终目标，准则层表示实现目标所需考虑的因素，而指标层则是具体的选择指标或决策选项。这种层次结构的搭建有助于将复杂问题分解为简单、可管理的部分。层次分析法明确建立了上下层之间的依赖关系。准则层和指标层的权重计算依赖于上一层的权重，通过层次之间的传递，综合考虑了各个层次的因素。这种层次之间的关系和权重传递使决策过程更加系统化和更具一致性。通过结构化分析，层次分析法将复杂的决策问题分解为可管理的部分，并明确层次之间的关系和权重传递。这种结构化的方法使决策过程更加透明、可操作和可理解。决策者可以更清楚地了解问题的各个方面，从而作出更准确和合理的决策。同时，结构化分析还提供了一种可视化的方式，如层次结构图和权重分配图，帮助决策者更直观地理解和沟通决策过程。

（4）可视化和易于理解是层次分析法的两个重要特点，它们使决策过程更加直观、可操作和易于理解。

第一，可视化。层次分析法使用层次结构图来展示问题的层次结构和层次之间的关系。层次结构图以树状结构的形式呈现，目标层位于顶部，准则层和指标层依次排列。通过图形化的方式，决策者可以清楚地看到各个因素之间的依赖关系和层次结构，以更好地理解问题的复杂性和关联性。层次分析法还可以使用权重分配图来展示各个因素的权重和相对重要性。权重分配图以条形图或饼图的形式呈现，通过不同长度或面积的比例来表示权重的大小。这种直观的图形化展示方式使决策者能够对各个因素的权重比例一目了然，从而更好地判断和比较不同因素的重要性。

第二，易于理解。层次分析法用相对度量来比较和排列不同因素的重要性。相对度量是通过两两比较和判断矩阵构建获得的，将主观评价转化为数值化的比较结果。这种相对度量的方式更符合人们的直觉和理解，决策者可以更容易地理解和接受基于相对重要性的决策结果。层次分析法通过逐层计算的方式，将上层的权重传递给下层，逐步确定指标的相对权重。这种逐层计算的过程使决策过程更加透明和可追溯，决策者可以清楚地了解权重是如何分配和传递的，从而更加信任和理解决策结果。层次分析法引入一致性检验来评价专家的判断一致性。一致性检验通过计算判断矩阵的一致性比率，判断专家的判断是否合理和可靠。一致性检验的存在增强了决策结果的可靠性和可信度，决策者可以更加自信地理解和接受决策结果。

（5）层次分析法已广泛应用于各个领域，包括工程管理、项目评价、资源分配、市场调研、投资决策等。其灵活性和适应性使其成为一种通用的决策支持工具。

（6）当评价的元素增多时，权重分析的工作量大幅增加，从而为一致性检验带来诸多困难，当指标过多时，对评价判断矩阵的干扰增多，评定者不能作出合理的评价，最终会严重影响一致性检验。元素的增多使评定者思路混乱，经过反复调整不能得到满意的一致性结果，导致得不到合理的权重值。层次分析法中特征值和特征向量的求解比较复杂，随着元素的增多，复杂程度增大，从而会造成计算结果的不精确性。在我们通过层次分析法作出评价时，所参考的信息大部分是不完整的，这样就势必会给评定结果带来不确定性。而且，层次分析法的决策过程中判断的模糊性同样也给结果带来了一定的不确定性。为了减少这些问题的影响，层次分析法可以通过两个方面进行改进，即模糊层次分析和区间层次分析。

4.2.3 指标权重分析过程

根据指标体系对指标的重要程度进行打分，然后对打分结果进行内部的讨论和归纳，得到两两判断矩阵，如表 4-3 所示。

表 4-3　两两判断矩阵

	培养	师生	毕业
培养	1	2	2
师生	1/2	1	2
毕业	1/2	1/2	1

$$\boldsymbol{A}=\begin{bmatrix}1 & 2 & 2\\ 1/2 & 1 & 2\\ 1/2 & 1/2 & 1\end{bmatrix}$$

将判断矩阵 $\boldsymbol{A}$ 的列向量进行归一化处理，可以得到矩阵 $\boldsymbol{B}$

$$\boldsymbol{B}=\begin{bmatrix}b_{11} & b_{12} & b_{13}\\ b_{21} & b_{22} & b_{23}\\ b_{31} & b_{32} & b_{33}\end{bmatrix}$$

其中

$$b_{ij}=a_{ij}/\sum_{k=1}^{3}a_{ij}\quad (i,\ j=1,\ 2,\ 3,\ \cdots,\ n)\qquad\text{（式 4-6）}$$

$$\boldsymbol{B}=\begin{bmatrix}0.5000 & 0.5714 & 0.4000\\ 0.2500 & 0.2857 & 0.4000\\ 0.2500 & 0.1429 & 0.2000\end{bmatrix}$$

将归一化的矩阵 $\boldsymbol{B}$ 的行向量的元素相加

$$M_i=\sum_{j=1}^{3}b_{ij}\quad (i,\ j=1,\ 2,\ 3,\ \cdots,\ n)\qquad\text{（式 4-7）}$$

得出 $M_1=1.4714$，$M_2=0.9357$，$M_3=0.5929$，将向量进行归一化得到特征向量，也是权重 $\boldsymbol{W}=[0.4905,\ 0.3119,\ 0.1976]$

$$\boldsymbol{A}\times\boldsymbol{W}=\begin{bmatrix}1 & 2 & 2\\ 1/2 & 1 & 2\\ 1/2 & 1/2 & 1\end{bmatrix}\times\begin{bmatrix}0.4905\\ 0.3119\\ 0.1976\end{bmatrix}=\begin{bmatrix}1.5095\\ 0.9524\\ 0.5988\end{bmatrix}$$

计算判断矩阵 $\boldsymbol{S}$ 的最大特征根，得

$$\lambda_{\max}=\frac{1}{n}\sum_{i=1}^{n}\frac{(AW)_i}{nW_i}\quad (i=1,\ 2,\ 3,\ \cdots,\ n)\qquad\text{（式 4-8）}$$

$$\lambda_{max}=\frac{1}{3}\left(\frac{1.5095}{0.4905}+\frac{0.9524}{0.3119}+\frac{0.5988}{0.1976}\right)=3.0538$$

为进行判断矩阵的一致性检验，需计算一致性指标：

$$CI=\frac{\lambda_{max}-n}{n-1}=\frac{3.0538-3}{3-1}\approx 0.0269$$

平均随机一致性指标 $RI=0.52$。随机一致性比率：

$$CR=\frac{CI}{RI}=\frac{0.0269}{0.52}\approx 0.0517<0.10$$

因此，认为层次分析的结果有满意的一致性，即权系数的分配是非常合理的，如表 4-4 所示。

表 4-4　指标系数权重

指标层	权重
培养	0.4934
师生	0.3108
毕业	0.1958

4.2.4　指标权重的计算

在层次分析法中，指标的权重用来表示各个指标在决策过程中的相对重要性。权重反映了指标对于实现目标或解决问题的贡献程度。通过确定指标的权重，可以对不同指标进行比较和排序，从而帮助作出决策或评价方案，本书采用层次分析的方法求出指标权重。运用 MATLAB 构造判断矩阵 $S=(u_{ij})_{p\times p}$，即

表 4-5　MATLAB 构造的判断矩阵（1）

	教师评价指标	学生评价指标
教师评价指标	1	1/2
学生评价指标	2	1

表 4-6　MATLAB 构造的判断矩阵（2）

	培养方向	培养原则
培养方向	1	1
培养原则	1	1

用 MATLAB 软件计算判断矩阵 $\boldsymbol{S}$ 的最大特征根得 $\lambda_{max}=2$。运用 MATLAB 软件计算指标的权重。

表 4-7　MATLAB 计算出的指标权重（1）

指标层	权重
教师评价指标	0. 3333
学生评价指标	0. 6667

表 4-8　MATLAB 计算出的指标权重（2）

指标层	权重
培养方向	0. 5
培养原则	0. 5

各项指标权重，同样采用层次分析的方法求出指标权重，得

表 4-9　层次分析法计算出的指标权重

	基本素质	身体素质	人文素质	创新素质	思想素质	人际交往能力
基本素质	1	5	2	3	3	5
身体素质	1/5	1	1/2	1/2	1/2	1
人文素质	1/2	2	1	2	1	2
创新素质	1/3	2	1/2	1	1	2
思想素质	1/3	2	1	1	1	2
人际交往能力	1/5	1	1/2	1/2	1/2	1

程序代码及注释：矩阵是存放同类型数据的二维容器，用“［］”括起来，“,”或“空格”表示换列，“;”表示换行。

$$A=\begin{bmatrix}1 & 5 & 2 & 3 & 3 & 5;\\ 1/5 & 1 & 1/2 & 1/2 & 1/2 & 1;\\ 1/2 & 2 & 1 & 2 & 1 & 2;\\ 1/3 & 2 & 1/2 & 1 & 1 & 2;\\ 1/3 & 2 & 1 & 1 & 1 & 2;\\ 1/5 & 1 & 1/2 & 1/2 & 1/2 & 1\end{bmatrix}$$

用 MATLAB 软件计算判断矩阵 **S** 的最大特征根得 $\lambda_{max}=6.0541$。程序代码及注释如下：

```
disp（‘请输入判断矩阵 A’）
A=input（‘A=’）;
%求矩阵 A 的全部特征值，构成对角阵 D，求 A 的特征向量构成 V 的列向量
(V 的每一列都是 D 中与之相同列特征值的特征向量)
[V, D] =eig（A）;
Max_eig=max(max(D));
%求出矩阵 A 的最大的特征值
[r, c] =find（D==Max_eig, 1）;
%返回最大特征值所在的行和列，其中 C 记录所在列
disp（‘特征值法求权重的结果为:’）;
disp（V（:, c）./sum（V（:, c）））
%对最大特征值对应的特征向量进行归一化处理
```

为进行判断矩阵的一致性检验，需计算一致性指标：

$$CI=\frac{\lambda_{max}-n}{n-1}=\frac{6.0541-6}{6-1}=0.0108$$

平均随机一致性指标 $RI=1.26$。随机一致性比率：

$$CR=\frac{CI}{RI}=\frac{0.0108}{1.26}=0.0086<0.10$$

因此，认为层次分析的结果有满意的一致性，即权系数的分配是非常合理的。运用 MATLAB 软件计算指标的权重。

表 4-10 MATLAB 计算出的指标权重

指标层	权重
基本素质	0. 3878
身体素质	0. 0759
人文素质	0. 1801
创新素质	0. 1327
思想素质	0. 1475
人际交往能力	0. 0759

用一级指标权重与二级指标权重、三级指标权重相乘算出综合权重。

表 4-11 三级指标综合权重

一级指标层	一级指标权重	二级指标层	二级指标权重	三级指标层	三级指标权重	综合权重
培养	0. 4934	培养方案评价	1. 0000	培养目标	1. 0000	0. 4934
师生	0. 3108	教师评价指标	0. 3333	培养方向	0. 5000	0. 0518
				培养原则	0. 5000	0. 0518
		学生评价指标	0. 6667	基本素质	0. 3878	0. 0804
				身体素质	0. 0759	0. 0157
				人文素质	0. 1801	0. 0373
				创新素质	0. 1327	0. 0275
				思想素质	0. 1475	0. 0306
				人际交往能力	0. 0759	0. 0157
毕业	0. 1958	毕业要求评价指标	1. 0000	毕业要求指标达成度	1. 0000	0. 1958

4. 2. 5 权重结果分析

4. 2. 5. 1 一级指标层

在教学质量评价体系的一级指标层中，有两个重要的评价指标，即“师生”和“培养”。这两个指标在整个评价体系中的比重较大，其权重之和超过

80%。具体而言，“培养”指标的比重接近50%，而“师生”指标排在第二位，比重超30%。

第一，对于“培养”指标来说，其所占比重接近50%，显示了在教学质量评价中，培养方案及方向的重要性。这意味着评价体系将重点关注学生在学习过程中所获得的知识、技能和能力的培养效果。培养方案的设计和执行将直接影响学生的综合素质发展，因此，在评价体系中给予了较高的权重。第二，“师生”指标在评价体系中排在第二位，比重超30%，表明师生的能力和素质在教学质量评价中也占据重要地位。这一指标涵盖了教师的专业水平、教学方法、教学态度，以及学生的学习状况和表现等方面。优秀的教师能够有效地引导学生学习，提供高质量的教学，同时学生的积极参与和学习态度也是评价教学质量的关键因素之一。

综上所述，教学质量评价体系中的一级指标层中，“师生”和“培养”评价指标的比重较大，二者相加的权重超过80%。其中，“培养”指标强调了培养方案及方向在教学质量评价中的基础性和重要性；而“师生”指标强调了师生的能力和素质对于教学质量的重要影响。这样的评价体系有助于全面评价教学质量，确保学生得到有效的培养和提高教学质量。

4.2.5.2 二级指标层

在教学质量评价体系的二级指标层中，“学生评价指标”所占比重接近67%。这表明在整体的本科生管控过程中，教学质量的好坏在本科生自身中体现得最为明显和重要。这个比重说明在教学质量评价研究中需要高度关注学生本身的能力和综合素质，因为学生的表现和参与度对教学质量的评价具有重要的影响。

“学生评价指标”在二级指标层中由多个三级指标共同研究和考核。这些三级指标可能涵盖学生的学习态度、学习动力、学习成绩、学科知识掌握程度、创新能力、团队合作能力、综合素质等方面。通过对这些三级指标的综合考察，可以更全面地评价学生在教学过程中的表现和发展情况。在教学质量评价研究中，对“学生评价指标”的重视至关重要。学生是教学活动的核心参与者，他们的学习效果和能力发展直接关系到教学质量的好坏。通过深入研究和考核学生的能力与综合素质，可以更准确地评价教学质量的实际效果，并为教学改进提供有针对性的建议和措施。

综上所述，二级指标层中“学生评价指标”所占比重接近67%，强调了教学质量在本科生自身的体现和重要性。在教学质量评价研究中要充分重视学生本身的能力和综合素质，通过对学生的多个三级指标的研究和考核，可以更全面地评价学生在教学过程中的表现和发展情况，从而促进教学质量的提升。

4.3 应用模糊综合评价法评价教学质量

4.3.1 建模方法与技术

评价模型是一种定量化的分析模型，其原理是利用数学模型来描述系统中各个要素之间的关系，并通过一定的计算方法给出定量的评价结果。评价模型的分析对象是评价指标系统，根据指标体系中不同数据的特点，可以选择不同的评价模型。选择合理的评价模型对客观地分析和评价教学质量具有非常重要的意义。

在前面的研究中，已经介绍了常用的评价方法及各种方法的优缺点。为了确保评价结果的科学合理性和方案的可操作性，本节在参考众多学者对教学质量评价指标的综合分析的基础上，采用模糊综合评价的方法对教学质量评价系统进行建模。

通过采用模糊综合评价的方法对教学质量评价系统进行建模，可以充分考虑教学质量评价指标的模糊性和不确定性，使评价结果更加客观和准确。同时，模糊综合评价方法还可以灵活地调整评价指标之间的权重，根据实际情况进行权衡和调整，使评价结果更符合实际需求。

综上所述，评价模型是一种利用数学模型描述系统各要素关系并给出定量结果的分析模型。在教学质量评价中，选择合适的评价模型对实现客观分析和评价具有重要意义。本节选择模糊综合评价方法对教学质量评价系统进行建模，以充分考虑评价指标的模糊性和不确定性，并提高评价结果的准确性和可信度。

模糊综合评价法（Fuzzy Comprehension Evaluation Method）是20世纪60年代美国科学家查德教授创立的，通常指的是以模糊数学理论为基础的一种评价方法。该方法既有严格的定量研究，也有对难以定性分析的模糊现象进行主观上的定性描述，是在综合考虑多种因素的影响下，运用模糊数学工具对问题作出评价的方法。这种方法需要先确定评价对象集、因素集和评语集，然后通过一定的方法（如层次分析法、专家咨询法等）确定评价因素的权重分配向量，继而获得模糊综合评价矩阵，最后通过把模糊综合评价矩阵与因素的权重进行复合运算，得到模糊综合评价结果。

一般来说，模糊综合评价法的应用通常情况下包含四个阶段：第一，设置评价指标，科学确定评价指标对评价的效果来说至关重要；第二，确定各指标的权重，选择专家法、熵权法抑或层次分析法来获取不同指标权重；第三，评价矩阵的建立，为了尽量客观、准确，评价矩阵需由多位具有丰富经验的专家给出，以减小误差；第四，将评价矩阵与权重进行整合，选取其中关联最大的因子实施整合，对结果向量予以阐述。具体的细节将在下文进行详细介绍。

因为评价因素往往较为复杂，评价对象存在一定的层次性，在拟定的评价标准中可能具有较为模糊的影响因素抑或指标不容易量化等相关问题，导致不能直接选择过于绝对的“是”与“非”来进行描述，往往会出现“亦此亦彼”的情况，描述也常常选择自然语言来表达，但自然语言的突出特点就在于其可能存在较高的模糊性，它往往不能通过数学模型来实施量度。所以基于模糊集合前提下的模糊综合评价法，选取若干指标对评价对象的隶属等级情况实施分析，将评价对象的变化区间予以科学规划，这样不但能够充分尊重目标的层次性，确保评价标准和相关因素的模糊性被准确反映，还可以有效借助人的力量来保证最终结果的准确性和客观性。模糊综合评价法能够实现定量与定性的充分融合，提升评价结果的可信度。

4.3.2 模糊综合评价模型建立步骤

学习了解模糊综合评价法的建模步骤，对于全面认识此评价方法具有非常重要的意义。一般来说，模糊综合评价法的建模步骤分为以下六个环节：

4.3.2.1 确定评价对象的因素集

因素集是评价项目或指标的集合，表明我们对被评价对象从哪些方面来进行评判描述，用 **U** 表示：

$$\mathbf{U} = \{u_1, u_2, \cdots, u_m\}$$

4.3.2.2 确定评价集

评价集是评价者对被评价对象可能作出的各种总的评价结果组成的集合，用 **V** 表示：

$$\mathbf{V} = \{v_1, v_2, \cdots, v_n\}$$

集合 **V** 主要代表对被评价对象进行评价的可变区间，由多种评价结果组成，在该评价集中 v_i 代表第 i 个评价结果，n 表示所有的评价数量，具体等级可以依据评价内容用适当的语言进行描述，如描述地区的经济发展水平可以用 **V**= {高，较高，一般，较低，低}。

4.3.2.3 进行单因素评价，建立模糊关系矩阵 ***R***

单独从一个因素出发进行评价，以确定评价对象对评价集合 **V** 的隶属度，被称为单因素模糊评价。在构造了等级模糊子集后，就要逐个对被评价对象从每个因素 $u_i(i = 1, 2, \cdots, m)$ 上进行量化，也就是确定从单因素来看被评价对象对各等级模糊子集的隶属度，进而得到模糊关系矩阵：

$$\boldsymbol{R} = \begin{bmatrix} r_{11} & r_{12} & \cdots & r_{1n} \\ r_{21} & r_{22} & \cdots & r_{2n} \\ \vdots & \vdots & \ddots & \vdots \\ r_{m1} & r_{m2} & \cdots & r_{mn} \end{bmatrix}$$

上述模糊关系矩阵 ***R*** 中，$r_{ij}(i = 1, 2, \cdots, m; j = 1, 2, \cdots, n)$ 主要表示在因素 u_i 的基础之上，被评价对象表现出来的对于 v_j 等级的模糊子集的隶属度。一般而言，在模糊综合评价中模糊向量 $r_i(i = 1, 2, \cdots, m)$ 表示在因素 u_i 的基础上被评价对象的表现情况，一方面该方法区别于其他评价方法用指标的实际值对其进行描述，另一方面也反映模糊评价所得到的结果是在信息更加丰富的基础上完成的，r_i 代表 **U** 与 **V** 之间的模糊关系，常被称作单因素评价矩阵，主要表示评价对象受影响因素的影响程度。

4.3.2.4 确定评价因素的模糊权重集 **A**

在进行模糊综合评价时，权重对最终的评价结果会产生很大影响，一般通过对各因素 U 进行合理赋权，来衡量各因素在特定情况下的重要性，权数由 $a_i(i = 1, 2, \cdots, m)$ 表示，正常情况下，赋权时要求 a_i 满足两个条件，即 $a_i \geqslant 0$；$\sum a_i = 1$，此时 a_i 表示在特定背景下第 i 个因素的权重值，由众多权重值组成的集合 **A** 则被称作权重集。

注意，在整个模糊综合评价的过程中，a_i 的选定非常重要，评价结论可能会因为权重的改变出现较大的变化，因此，在赋权时要严格满足要求，保持严谨。

4.3.2.5 多因素模糊评价

将单因素评价矩阵分别与权重集进行模糊变换，即选择合适的模糊综合

评价模型 $\boldsymbol{B}=\boldsymbol{W}\cdot\boldsymbol{R}$，将 $\boldsymbol{W}$ 与 $\boldsymbol{R}$ 合成，得到评价结果。这里的“·”表示 $\boldsymbol{W}$ 和 $\boldsymbol{R}$ 的一种合成方法，即模糊算子的组合。模糊算子有很多种组合，不同的组合构成不同的评价模型，一般可选用四种算子，即 $\boldsymbol{M}(\wedge, \vee)$，$\boldsymbol{M}(\cdot, \vee)$，$\boldsymbol{M}(\wedge, \odot)$，$\boldsymbol{M}(\cdot, \odot)$。这里所采用的模糊合成运算是普通矩阵乘法（加权平均法），这种模型使每个因素都对综合评价有所贡献，能够客观地反映评价对象的全貌。

模糊综合评价的模型：

$$\boldsymbol{B}=\boldsymbol{A}\cdot\boldsymbol{R}=(a_1, a_2, \cdots, a_m)\cdot\begin{bmatrix} r_{11} & r_{12} & \cdots & r_{1n} \\ r_{21} & r_{22} & \cdots & r_{2n} \\ \vdots & \vdots & \ddots & \vdots \\ r_{m1} & r_{m2} & \cdots & r_{mn} \end{bmatrix}=(b_1, b_2, \cdots, b_n)$$

4.3.2.6　对模糊综合评价结果进行分析

综上所述，模糊综合评价的结果是一个向量值，该向量表示被评价的对象对不同等级条件下的模糊子集的隶属度。与传统评价方法只给出单一数值不同，模糊综合评价结果的矢量性质使其能够提供更为丰富的信息量。通过模糊综合评价的结果向量，本书可以获得针对不同等级条件的评价值，从而更全面地了解评价对象在各个方面的表现。每个维度上的数值代表了评价对象在相应条件下的隶属程度，可用于评价其在不同方面的优劣程度。例如，对于教学质量评价，评价结果的向量可以反映学生满意度、教学效果、教师能力等方面的表现情况，从而提供了更为细致和全面的评价信息。此外，通过对评价结果向量进行转化和计算，可以对不同评价对象进行比较和排序。常见的转化方法包括求和、加权平均等，通过这些方法可以将向量值转化为单一的分值或评级。通过比较转化后的分值大小，我们可以确定评价对象的优劣次序，进而选择最优者或进行排名。

4.3.3　具体评价过程

依照 4.3.2 节中介绍的模糊综合评价模型建立的步骤，本节建立了教学质量评价系统模型，具体内容如下：

在本节的综合评价中，针对每个指标，设定了五个级别的评语，即 $\mathbf{V}=[v_1, v_2, v_3, v_4, v_5]$ = [很好，较好，一般，较差，很差]，并将其赋值为 $\mathbf{V}=[5, 4, 3, 2, 1]$。为了确保评价的客观性和准确性，多位经验丰富的专家被邀请对指标价值体系进行评价，并单独对指标层的每个指标进行等级打分。由于指标的模糊性和主观性，为了综合各位专家的评分结果，采用了一种综合的方法来确定每个指标对某个评语等级的隶属度。这种方法可以通过统计各位专家对该指标的打分次数，并根据多位专家中赞同该指标评语等级的比重来确定隶属度。具体而言，对于每个指标，统计每个评语等级的出现次数，并计算在多位专家中赞同该评语等级的比重。比重可以通过简单平均或加权平均等方式计算得出。通过这种综合评分方法，可以建立单因素模糊综合评判矩阵，其中每个指标对应着各个评语等级的隶属度。评判矩阵的计算结果如表 4-12 所示。

表 4-12　评判矩阵的计算结果

指标层	很好	较好	一般	较差	很差
培养目标	1	5	10	14	0
培养方向	15	7	5	3	0
培养原则	7	4	9	10	0
基本素质	19	6	4	1	0
身体素质	2	8	15	5	0
人文素质	13	6	7	4	0
创新素质	6	9	11	4	0
思想素质	14	8	5	3	0
人际交往能力	11	7	8	4	0
毕业要求指标达成度	19	2	3	6	0

用打分人数除以总人数的方法是一种常见的确定隶属度的计算方式。在综合评价中，为了确定每个指标对某个评语等级的隶属度，可以通过计算赞同该评语等级的专家人数与总专家人数之间的比例得出。具体而言，对于每个评语等级，我们可以统计在多位专家中赞同该评语等级的人数，然后将其除以总专家人数，计算出该评语等级的隶属度。这种计算方式可以量化每个评语等级的支持程度，并将其转化为隶属度值。通过这种方式，可以为每个评语等级计算相应的隶属度值，进而建立单因素模糊综合评判矩阵。这样的评判矩阵反映了每个指标相对于各个评语等级的隶属程度，为后续的模糊综

合评价提供了依据。同时，隶属度值的计算也考虑了专家打分的数量和比例，以确保评价结果更加客观和全面。隶属度的计算结果如表 4-13 所示。

表 4-13 隶属度的计算结果

指标层	很好	较好	一般	较差	很差
培养目标	0.0333	0.1667	0.3333	0.4667	0.0000
培养方向	0.5000	0.2333	0.1667	0.1000	0.0000
培养原则	0.2333	0.1333	0.3000	0.3333	0.0000
基本素质	0.6333	0.2000	0.1333	0.0333	0.0000
身体素质	0.0667	0.2667	0.5000	0.1667	0.0000
人文素质	0.4333	0.2000	0.2333	0.1333	0.0000
创新素质	0.2000	0.3000	0.3667	0.1333	0.0000
思想素质	0.4667	0.2667	0.1667	0.1000	0.0000
人际交往能力	0.3667	0.2333	0.2667	0.1333	0.0000
毕业要求指标达成度	0.6333	0.0667	0.1000	0.2000	0.0000

4.3.4 各级指标的模糊综合评价向量

培养 $\boldsymbol{B}_1$ 对应模糊关系矩阵：

$$\boldsymbol{R}_{11} = [0.0333 \quad 0.1667 \quad 0.3333 \quad 0.4667 \quad 0.0000]$$

培养 $\boldsymbol{B}_1$ 指标对应的权重是 $\boldsymbol{W}_{11} = [1]$，培养 $\boldsymbol{B}_1$ 的评价向量为 $\boldsymbol{B}_1 = \boldsymbol{W}_{11} \times \boldsymbol{R}_{11}$。

$$\boldsymbol{B}_1 = (1) \times [0.0333 \quad 0.1667 \quad 0.3333 \quad 0.4667 \quad 0.0000]$$
$$= (0.0333 \quad 0.1667 \quad 0.3333 \quad 0.4667 \quad 0.0000)$$

同理可得师生 $\boldsymbol{B}_2$ 的评价向量：

$$\boldsymbol{B}_2 = (0.0333 \quad 0.6667) \times \begin{bmatrix} 0.3667 & 0.1833 & 0.2333 & 0.2167 & 0.0000 \\ 0.4519 & 0.2307 & 0.2252 & 0.0922 & 0.0000 \end{bmatrix}$$
$$= (0.4235 \quad 0.2149 \quad 0.2279 \quad 0.1337 \quad 0.0000)$$

毕业 $\boldsymbol{B}_3$ 的评价向量：

$$\boldsymbol{B}_3 = (1.0000) \times [0.6333 \quad 0.0667 \quad 0.1000 \quad 0.2000 \quad 0.0000]$$
$$= (0.6333 \quad 0.0667 \quad 0.1000 \quad 0.2000 \quad 0.0000)$$

4.3.5 整体指标的模糊综合评价向量

$$\boldsymbol{B} = (0.4905 \quad 0.3119 \quad 0.1976) \times \begin{bmatrix} 0.0333 & 0.1667 & 0.3333 & 0.4667 & 0.0000 \\ 0.4235 & 0.2149 & 0.2279 & 0.1337 & 0.0000 \\ 0.6333 & 0.0667 & 0.1000 & 0.2000 & 0.0000 \end{bmatrix}$$

$$= (0.2736 \quad 0.1619 \quad 0.2543 \quad 0.3101 \quad 0.0000)$$

表 4-14 评语集分布

评价等级	v_1（很好）	v_2（较好）	v_3（一般）	v_4（较差）	v_5（很差）
分数	5	4	3	2	1

整体评分值：

$$\boldsymbol{F} = \boldsymbol{V}\boldsymbol{B}^{\mathrm{T}} = [5 \quad 4 \quad 3 \quad 2 \quad 1] \begin{bmatrix} 0.2736 \\ 0.1619 \\ 0.2543 \\ 0.3101 \\ 0.0000 \end{bmatrix} = 3.3990$$

整体评分值为 3.3990，介于一般与较好之间。同理，可以计算出每个指标的评分值：

表 4-15 指标评分值

<table>
<tr><th>一级指标层</th><th>评分值</th><th>二级指标层</th><th>评分值</th><th>三级指标层</th><th>评分值</th></tr>
<tr><td>培养</td><td>2.7667</td><td>培养方案评价</td><td>2.7667</td><td>培养目标</td><td>2.7667</td></tr>
<tr><td rowspan="8">师生</td><td rowspan="8">3.9280</td><td rowspan="2">教师评价指标</td><td rowspan="2">3.7000</td><td>培养方向</td><td>4.1333</td></tr>
<tr><td>培养原则</td><td>3.2667</td></tr>
<tr><td rowspan="6">学生评价指标</td><td rowspan="6">4.0420</td><td>基本素质</td><td>4.4333</td></tr>
<tr><td>身体素质</td><td>3.2333</td></tr>
<tr><td>人文素质</td><td>3.9333</td></tr>
<tr><td>创新素质</td><td>3.5667</td></tr>
<tr><td>思想素质</td><td>4.1000</td></tr>
<tr><td>人际交往能力</td><td>3.8333</td></tr>
<tr><td>毕业</td><td>4.1333</td><td>毕业要求评价指标</td><td>4.1333</td><td>毕业要求指标达成度</td><td>4.1333</td></tr>
</table>

4.4 评价结果分析及改进建议

三级指标中的评分项主要集中在师生评价指标中，这说明在本科生涯中，教学质量的好坏主要取决于教师的培养和学生的整体素质。教师的专业能力和教学方法直接影响学生的学习效果与发展，而学生的学习态度、学习习惯和综合素质也对教学质量起着重要作用。在教师评价指标的三级指标中可以看出，学校的培养方向完善得较好，这意味着学校在制定培养方向时考虑了学生的综合发展需求。然而，培养原则偏低，可能意味着学校在实际的培养过程中没有充分贯彻培养方向，或者培养原则与培养方向之间存在一定的脱节。因此，学校可以在培养过程中统一培养原则，使之与培养方向相契合，并贯彻到实际的教学活动中去。在学生评价指标的三级指标中，基本素质的评分值最高，说明学生对学习成绩和必要的素拓活动非常重视。这表明学生在本科生涯中注重基础知识和技能的掌握，同时也重视课外活动的积极参与。学校应继续保持对基本素质的高度重视，并加强对学生的培养。此外，学校可以增加更多的素拓活动，并提出一定的强制要求，以鼓励学生主动参与，提高学生在各项能力上的综合素质。然而，身体素质的指标评分最低，这可能意味着学生在身体锻炼和健康方面存在一定的不足。学校可以多开展一些课外体育活动，如组织体育比赛、开设健身课程等，以促进学生的身体素质提高。此外，可以考虑提高体育课程和体测成绩在毕业评定中的比重，以督促学生主动参与体育锻炼，并将身体素质的重要性融入学校的培养理念中。人际交往能力是社会中必要的技能，学校可以组织学生开展联谊等活动，以提高学生的人际交往能力。这些活动可以包括社团活动、团队合作项目、社会实践等，通过和他人的合作与交流，帮助学生培养良好的人际交往和沟通能力。综上所述，通过对三级指标中的评分项进行分析，学校可以得到一些有益的启示和建议。在教师评价方面，学校应注重培养方向与培养原则的一致性；在学生评价方面，应继续保持对基本素质的高度重视，加强学生的综合素质培养，提高身体素质并注重人际交往能力的培养。这些措施有助于提升教学质量和促进学生的综合素质发展，为他们的未来发展奠定了坚实的基础。

在培养方案中，明确培养目标是最基础也是最关键的。学校应该清楚地定义培养目标，确保每个学生都能明确自己的发展方向和目标。培养目标应该与时俱进，符合当代本科生的特点和需求。这意味着学校需要针对不同专业和学生群体制定具体的培养目标，以确保培养方案的针对性和实效性。在教师教书育人方面，教师是培养目标的实施者和引领者，他们需要具备与培养目标相匹配的教学理念和方法，以确保教学过程中能够有效地促进学生的全面发展。因此，学校应该为教师提供相关的培训和支持，使他们能够不断提升自己的教学水平和专业素养。另外，学生在保证基本素质、积极参加活动的同时，也需要加强其他素质的培养。除了学习成绩，学生还应注重身体健康和社交能力的培养。学校可以提出每周运动量的硬性要求，鼓励学生养成良好的运动习惯，保障他们的身体素质。同时，学校还可以组织符合专业特征的社会实践活动，让学生在实践中提升综合素质，实现德智体美劳全面发展。毕业要求是本科生涯中的最后一项考核标准，它对学生的综合能力和学业成果进行综合评价。为了确保毕业要求的有效实施，学校应严格要求毕业论文的撰写和答辩，确保学生具备扎实的学术研究和表达能力。同时，毕业指标应该是多元化的，涵盖学生在学术、实践、创新等方面的能力表现，以全面考核学生毕业时的各项能力。通过明确培养目标、优化教师培养和教学方法、注重学生综合素质的培养，以及提出严格的毕业要求，学校可以构建一个有效的本科生培养体系。这个体系将为学生提供全面而有针对性的教育，帮助他们成长为具备专业知识、综合素质和创新能力的高素质人才。同时，学校也应不断改进和完善培养方案，与时俱进地适应社会和行业的需求变化，为学生的未来发展提供良好的支持和保障。

5　教学质量反馈评价体系构建

5.1　教学质量反馈评价体系构建流程

教学质量反馈评价体系的构建是一个“具体—抽象—具体”的辩证逻辑思维过程，是人们对对象特征认识的逐步深化、逐步求精、逐步完善、逐步系统化的过程。一般来说，这个过程可大致分为四个环节：理论准备、评价指标初选、评价体系完善、评价体系试用。

5.1.1　理论准备

在设计评价指标及体系前，有几项关键的准备性工作是必不可少的。首先，应对教学质量反馈评价体系的有关基础理论有一定深度和广度的了解。这包括对教学评价理论、教学质量反馈评价方法和体系构建的基本原理进行学习与研究。通过深入了解相关理论，可以构建教学质量反馈评价体系的整体框架和思维方式，为后续的指标设计提供指导。其次，设计评价指标及体系需要具备一定的统计理论与方法素养。评价指标的设计通常需要依赖数据的收集和分析，因此，对统计学的基本概念和方法有所了解是必要的。这包括对样本选择、数据处理和结果解读等统计技术的掌握。通过运用适当的统计方法，可以确保评价指标的科学性和可靠性。最后，详细了解国内外相关领域评价体系设计中的经验教训也是必不可少的。这意味着需要对相关领域的研究文献、实践案例和成功经验进行综合研究与分析。通过借鉴和吸收国内外的经验，可以避免重复劳动，提高评价体系的效率和质量。同时，也可以从其他领域的实践中获得启示，为评价指标及体系的设计提供新的思路和创新点。

5.1.2 评价指标初选

在具备了一定的理论与方法素养之后，可以采用系统分析法构建综合评价体系的框架。系统分析法是一种将复杂系统分解为若干子系统，并对其进行综合分析的方法，适用于构建评价指标体系。首先，通过主体划分，将评价系统划分为学生、教师、用人单位和学校四个子系统。这种划分方式能够从不同角度全面考虑教学质量的各个方面，并便于对每个子系统进行独立评价和综合分析。学生子系统关注学生的学习成果和发展情况，教师子系统关注教师的教学能力和教学质量，用人单位子系统关注毕业生的就业情况和用人单位对毕业生的评价，学校子系统关注整个学校的教学管理和教学质量。其次，在每个子系统中选取评价指标。评价指标应该能够反映对应子系统的特征和目标，具有可操作性和可衡量性。在学生子系统中，可以考虑学生成绩、学术成果、综合素质等指标；在教师子系统中，可以考虑教学评价、教学能力、学术研究等指标；在用人单位子系统中，可以考虑就业率、毕业生评价、用人单位满意度等指标；在学校子系统中，可以考虑师资力量、教学管理、教育资源等指标。这些指标应该能够反映教学质量的多个方面。通过选取评价指标，可以建立教学质量反馈评价体系的框架。这个框架将不同子系统的评价指标有机地结合起来，形成一个综合而完整的评价体系。在这个体系中，各个指标可能相互关联和相互影响，因此，需要考虑指标之间的权重和关系，以确保评价体系的准确性和科学性。

5.1.3 评价体系完善

评价体系的构建过程确实存在许多要求和挑战，初选的评价指标可能存在重复、遗漏或错误的情况，因此需要进一步的精选和优化，以使评价体系达到合理、完善和准确的水平。通过精选、测验和优化，初选评价指标可以逐步完善，确保其科学性和可靠性。这个过程需要充分的专业知识和实践经验，并可能需要多次循环迭代，以形成满足评价需求的评价体系。

5.1.4 评价体系试用

评价体系的实践是一个关键的阶段，它以实际应用和实际结果为基础，对评价体系的设计和有效性进行验证和调整。实践是检验真理的唯一标准，也是设计评价体系的最终目的。在逐步完善评价体系的过程中，可以采用实例的计算和分析来验证评价体系的合理性。通过将实际数据输入评价体系进行计算和分析，观察和评价输出结果的合理性与可靠性，可以检查评价体系是否能够准确地反映评价对象的特征和达到评价目标，并根据实际情况进行必要的调整与修正。在实践过程中，还需要寻找导致评价结论不合理的原因。评价结论可能受多个因素的影响，包括数据质量、指标选取和权重设置等。通过分析评价结论的不合理之处，可以定位问题所在，并找出改进的方向。例如，如果评价结论与实际情况不符，可能是因为某些指标在体系中没有得到充分考虑或权重设置不合理，需要进行相应的调整和修正。此外，评价体系的选择不仅受方法的影响，还会影响方法的选择。在实践中，评价者需要根据评价体系的特点和要求，选择合适的评价方法与工具。不同的指标体系可能需要不同的数据收集方式、分析方法和模型构建方式。因此，在实践过程中，评价者需要权衡各种因素，选择最合适的方法，以确保评价过程的科学性和有效性。

5.2 教学质量反馈评价体系构建原则和依据

5.2.1 教学质量反馈评价体系构建原则

构建教学质量反馈评价体系需遵循整体性原则、科学性原则、合理性原则、主要因素原则、相对独立性原则、层次性原则、可操作性原则及可移植性原则，具体如下。

5.2.1.1 整体性原则

整体性原则是构建教学质量反馈评价体系的重要前提，它确保了评价体系的完整性和连贯性。在教学质量反馈评价体系中，各个子指标相互关联，形成自上而下、由近及远的层级关系。这些子指标可被视为学习技能的上下位，逐渐补充和完善，以循序渐进的方式构建评价指标体系。为了构建一个全面的教学质量反馈评价体系，需要涵盖通信工程类专业的各个方面。这意味着评价体系应该包括与通信工程类专业相关的各种要素，如课程设置、教学方法、教学资源、学生表现等。每个要素都是评价体系中的一个子指标，它们相互之间具有逻辑上的关联性。这种关联性可以通过多种方式来实现：首先，各个要素可以通过共同的目标和学习导向进行关联。评价体系应该明确指导学生完成学习大纲，为学生提供明确的学习目标和方向。这样，各个要素就能以一致的标准和导向进行评价，相互之间形成一致性和协调性。其次，各个要素之间可能存在因果关系或相互影响。例如，课程设置和教学方法的选择可能会影响学生的学习效果和表现，而学生的表现又可以反映教学质量。因此，在评价体系中，这些要素应该被结构化地组织起来，以便准确地捕捉它们之间的关联性和相互作用。最后，整体构架的教学质量反馈评价体系应该具备明确的学习导向作用。评价体系的设计应该能为学生提供明确的学习方向和指导，以保证他们的学习效果和促进他们能力的提升。评价结果和反馈应该能够帮助学生识别弱点、帮助教师改进教学方法，并促进教学质量的持续改善。

5.2.1.2　科学性原则

在构建教学质量反馈评价体系时，仅凭经验是不够的，需要科学的理论和研究及真实的数据来支撑。这样做的目的是确保评价体系的科学性和可靠性，以及评价结果的真实性与准确性。在构建过程中，应当尽可能客观地考虑和反映教学质量反馈评价体系中的各种影响因素，如教学方法、课程设置、学生特点等。评价指标应该具备客观性和可度量性，能够通过明确的标准和规范进行评价与测量。这样可以避免主观偏见和个人喜好对评价结果的影响，使评价结果更加客观及可靠。总之，在构建教学质量反馈评价体系时，科学的理论和研究及真实的数据是不可或缺的支撑。借助科学的理论和研究的指导，以及真实数据的收集与分析，可以确保评价体系的科学性、可靠性，使评价结果更加真实准确。这样的评价体系可以为教育工作者提供有力的决策依据，促进教学质量的提升。

5.2.1.3　合理性原则

合理性原则是教学质量反馈评价体系设计的基础，它要求在构建评价体系的过程中兼顾平衡性、客观性和准确性。它确保了评价体系能够全面、准确地评价学生的学习成果和能力发展，同时考虑各个参与方的需求与利益。从构成指标体系的各个方面来看，包括教师、学生、用人单位和学校，指标的权重分配，二级指标和三级指标的设立及层级权重的计算，都必须相对合理准确。在评价体系的构建过程中，需要进行合理的权衡和权重计算。这意味着在确定指标的权重时，应该考虑各个指标对整个评价体系的重要性和影响程度。权重的分配应该基于科学的方法和专业的判断，以确保评价结果的准确性与公正性。同时，二级指标和三级指标的设立应该具备明确的层级关系及相互之间的逻辑性，以便能够将整个评价体系层层展开、逐级深入地评价学生的各个方面。通过合理的权衡和权重计算，评价体系能够提供科学可靠的评价结果，为教学质量的提升提供有力的支持。

5.2.1.4　主要因素原则

建立教学质量反馈评价体系时，实际可操作性是一个重点考虑因素。评价体系并不是越复杂越好，指标的数量也不是越多越好，如果选择过多的指标或因素，可能会导致评价结果出现较大偏差或缺乏实际意义。因此，需要充分考虑本科生教学质量反馈评价过程的特点，确保评价体系具有可行性和可实施性。首先，要考虑指标的可靠性和代表性。评价指标所依据的数据需具备可靠性，即数据的收集和记录过程应该具备科学性和严谨性。这样才能确保指标所反映的教学质量信息真实可信。同时，指标应该具有代表性，能够全面反映教学质量的各个方面。在选择指标时，应该综合考虑各种教学质量因素，并确保指标能够充分覆盖这些因素，以得到全面准确的评价结果。其次，要充分利用现有条件下的相关记录资料。在建立评价体系时，应该充分利用已有的教学记录、学生学业成绩、教师教学档案等相关资料。这些资料可以为评价指标的选择和数据的获取提供基础与依据。通过充分利用现有的记录资料，可以减少数据收集的成本和工作量，提高评价体系的实施效率。最后，基础数据要尽量明确、具有可比性。评价指标所依据的基础数据应该具备明确性，即数据的定义与测量方式应该清晰明确，避免模糊和主观性的问题。同时，基础数据也应具有可比性，即不同时间点和不同教学环境下的数据应能够进行比较与分析，以评价教学质量的变化及趋势。

5.2.1.5　相对独立性原则

教学质量反馈评价体系中的各个子系统之间紧密联系。学校制定的培养方案涵盖对教师和学生的要求，而教师的教学计划则包括教师自身的目标及为学生制订的计划。这种联系导致评价指标之间可能存在相互重叠的情况。在选择评价指标时，需要在确保全面性的前提下，尽量避免重复，保证每个评价指标的独立性，以确保评价结果的客观性。通过仔细的分析和规划，科学的指标选择方法，明确的指标定义和描述，以及有效的数据收集和分析，可以保证评价指标的独立性和评价结果的客观性，为教学质量反馈评价提供准确的参考依据。

5.2.1.6 层次性原则

层次性原则是指在建立教学质量反馈评价体系过程中，以学习层级理论为基石进行层次结构的分解，在筛选课程指标时，将课程最终目标分解成一系列的从属目标，遵循适当的课程结构顺序。即从已确定的学习目标出发，考虑学生为了掌握该目标所规定的概念或能力，必须先掌握哪些低一级的从属概念或能力；而要掌握这些低一级的概念或能力又要先掌握哪些更低一级的从属概念或能力。整个评价体系，将以高级学习目标为方向，围绕指标体系的结构，层层展开，使最后的评价结论具有较强的逻辑性。

5.2.1.7 可操作性原则

建立教学质量反馈评价体系时，确实存在理论上较好但实践性不强的问题。为了解决这个问题，设计指标时需要考虑多个方面，包括概念的明确性、定义的清晰性、数据采集的便利性，以及当前的技术水平和国情。只有坚持可操作性原则，评价工作才能顺利进行并产生实际效果。指标的概念必须明确并与实际教育情境相匹配。在设计指标时，需要对评价对象的特征和目标进行明确的界定，确保指标具有准确的含义与可操作性。模糊或过于抽象的概念会导致评价指标的不确定性，使评价工作难以实施和解释。数据采集的便利性也是设计指标时需要考虑的因素之一。指标的可操作性要求评价人员能够方便地收集相应的数据，以合理的成本和时间完成评价工作，并产生有效的评价结果。因此，在指标设计中，应该考虑数据的可获得性、收集方法的可行性，以及数据处理和分析的可操作性。坚持可操作性原则对评价工作的顺利进行至关重要。评价工作的实践性和可操作性是评价体系成功的关键，只有确保指标的可操作性，才能使评价工作有效进行，并为教育决策提供有意义的信息与参考。

5.2.1.8 可移植性原则

构建一个教学质量反馈评价体系的真正价值在于其能够实现与其他层次的教学质量反馈评价体系的共享，并具有良好的可移植性。这意味着评价体系的模式和方法应该具备广泛适用性，能够在不同层次和领域中应用，并能够为其他教学质量反馈评价提供有用的参考模式。首先，学习层级理论的普遍适用性使其成为构建教学质量反馈评价体系的重要基石。学习层级理论认为知识和能力的掌握是逐步建立在更基础的概念和能力之上的。因此，在评价体系中，通过将教育目标逐级分解为从属目标，可以建立起层次结构，从而确保评价的逐步发展和连贯性。这种层次性的方法不仅在教育领域适用，还可以在其他领域的评价中得到应用。其次，模糊综合评价法作为给复杂抽象问题提供数据化决策的可行方案，对于构建教学质量反馈评价体系具有重要意义。该方法能够将主观评价转化为数据分析，并通过层次化的结构和权重赋值进行综合评价。在评价体系中，可以使用模糊综合评价法来处理多个指标之间的复杂关系，确定评价指标的权重和优先级，从而实现评价结果的客观性与可比性。为了确保评价体系的共享与可移植性，每个课程指标都应具备灵活性和可替代性，这意味着评价体系应具备适应不同课程与教育环境的能力。课程指标应该具备可调整和可变换的特性，以适应不同层次与领域的教学质量反馈评价需求。评价体系的计算过程应满足分类和动态评价的需求，能够随着不同层次教学质量反馈评价的变化而灵活调整，以确保评价的准确性和有效性。最后，为了给其他层次教学质量反馈评价提供参考模式，评价体系应具备可移植性。这意味着评价体系的设计和方法应该易于理解、应用和转化。评价体系的框架和指标应该能够为其他教学质量反馈评价提供启示与借鉴，能够在不同的教育系统和环境中推广并运用。

5.2.2 教学质量反馈评价体系构建依据

指标的选取对教学质量反馈评价体系的构建至关重要。在选取教学质量反馈评价指标时，需要综合考虑科学性、原则性及现实因素，并根据我国的教育特点进行构建。教学质量反馈评价体系的构建依据有以下四个方面：

5.2.2.1 教学质量信息反馈表

教学质量信息反馈表是一种常用的评价工具，用于收集学生对教学质量的反馈意见和评价。该反馈表可以包括多个方面的指标，如教学内容的设计与安排、教学方法与手段的运用、教师的教学能力与态度等。这些信息可以通过学生的评价、问卷调查和讨论小组等方式进行收集。该反馈表可以提供学生对教学质量的客观反馈，为教师和学校提供改进教学方法的依据。

5.2.2.2 用人单位的毕业生工作信息评价

用人单位对毕业生的工作表现和综合素质进行评价，是衡量教学质量的一个重要指标。通过收集用人单位对毕业生的评价，可以了解教学质量对毕业生就业和职业发展的影响。这些评价可以包括毕业生的专业知识与技能、综合素质、职业道德及工作态度等方面。用人单位的评价提供了来自职业领域的反馈，对教学质量进行了客观评价，同时也为学校和教育机构改进教学方法提供了有益的参考。

5.2.2.3 本科高校的培养方案

本科高校的培养方案是教育教学的重要依据，对教学质量的评价体系具有重要意义。培养方案规定了专业的培养目标、课程设置和教学要求，可以作为评价教学质量的指标依据。例如，中国民航大学的《2020 通信工程专业培养方案》可以提供该专业教学质量的评价指标，如课程设置的科学性、专业知识的覆盖程度、实践能力的培养等。这些指标可以结合实际教学情况，对教学质量进行评价和反馈。

5.2.2.4 相关教育专家的意见

教育专家具有丰富的教育经验和专业知识，他们的意见与建议对于教学质量评价体系的构建具有重要价值。通过与教育专家进行交流和讨论，可以获得专业的意见及建议，以提高教学质量反馈评价指标的科学性与有效性。教育专家的参与可以提高评价体系的专业性和可靠性，确保所选取的评价指标能够准确反映教学质量的实际情况。

综上所述，在选取教学质量反馈评价指标时，需要综合考虑教学质量信息反馈表、用人单位的毕业生工作信息评价、本科高校的培养方案，以及相关教育专家的意见。这些依据可以提供多角度、多维度的教学质量评价指标，确保评价体系的科学性和有效性。同时，根据我国的教育特点，评价体系应该关注学生的综合素质、职业能力的培养，以及与用人单位的对接情况。评价指标可以包括学生的学术水平、实践能力、创新能力、团队合作能力、职业道德等方面。

5.3 教学质量反馈评价指标选取

5.3.1 教学质量反馈评价指标选取原则

评价是通过一些归类的指标，按照一定的规则与方法，对评价对象就其某一方面或多方面或全面的综合状况作出优劣评定。目前，已研究出的单项指标有数十种。选取的指标不同对评价结果影响很大，指标选取有很多的影响因素且有很大的主观性，不同的人可能对同一问题选取不同的评价指标，得出不同的评价结果。为了使评价结果尽可能地客观、全面和科学，评价指标的选取需要注意以下原则：

（1）选取的指标必须和教学质量反馈评价体系目标相一致。目标是人们行动的指南，它们为我们提供了明确的方向和目的。在进行系统工程分析时，设定清晰的目标是非常重要的一步。目标的设定将帮助我们明确所要追求的结果，并为后续的决策和评价奠定基础。在评价不同方案或行动时，决策者最关心的信息是方案是否能够达到既定的目标。因此，评价指标的选择必须能够反映方案所能达到目标程度的信息，以便决策者能够准确评价方案的有效性和可行性。

（2）选取的指标必须具有实用性。构建教学质量反馈评价体系的作用是分析教学过程中的实际情况及出现的一些问题，同时对这些问题进行反馈与改进，从而提高教学质量。所以在选取相关指标时要十分注意，让其能够全面客观地对教学情况进行评价，同时这些指标还要简单易得，可以很容易地进行计算和分析。评价系统的可操作性十分重要，因为设置评价指标的目的就是切实地作出评价分析，所以这些指标一定要能够合理地反映问题。

（3）选取的指标必须具有可操作性。在选取评价指标时，指标应具备明确的含义，以便人们能够准确理解其所代表的意义和要求。明确的含义有助于确保评价指标的一致性和可操作性。指标的含义应该与评价目的和背景紧密相关，并且能够与教学质量的关键要素相对应。例如，如果评价目的是衡量学生的学术成绩，那么指标可以选择诸如平均分、及格率、优秀率等，这些指标可以清晰地反映学生在学习方面的表现。此外，指标应当具备易于理解的特点，以便教师、学生和其他相关人员能够迅速理解其含义和计算方法。指标的表达方式应简明扼要，避免使用过于复杂的专业术语或难以理解的概念，以确保指标在教育领域的各个层面都能被准确地理解和应用。综上所述，评价指标应具备明确的含义和易于理解的特点。指标的量化应基于方便的数据收集方法，并且可以使用现有的方法和模型进行计算和求解。通过确保指标的明确性、可操作性和可行性，可以有效地进行教学质量评价，为教师和决策者提供有用的反馈和指导。

（4）指标本身必须具有科学性和可靠性。评价指标的科学性和可靠性是构建有效教学质量反馈评价体系的关键要素。只有相关指标具有科学性和可靠性，才能在实践中发挥作用。如果指标与评价内容无关，那么评价体系就失去了价值。为了构建科学可靠的评价体系，首先需要确保评价指标能够科学地反映实际情况。这意味着指标的选择应基于教学质量的关键方面和要素，以及科学的教育研究与实践经验。指标应该具备有效的预测性和区分度，能够准确评价教学质量的优劣，并提供有意义的反馈与改进建议。其次评价指标的可靠性也是至关重要的。指标的可靠性指的是在相同的条件下，能够得到一致的评价结果。为了确保可靠性，评价指标应具备良好的信誉度和稳定性。这意味着指标应该在不同的时间、不同的评价者和不同的评价环境下都能产生相似的评价结果。评价指标的可靠性可以通过测试再测试、内部一致性分析和专家判断等方法进行验证。

（5）指标之间应避免相关性。为了确保评价结果的客观性和公正性，应该避免指标间的包含关系，以消除因指标间的相关性而导致的偏向性与避免教学质量水平被人为夸大的情况。指标间的包含关系指的是某些评价指标包含其他指标的信息或影响。如果存在指标间的包含关系，那么在评价过程中，某些指标可能过于重要或重复地反映了同一方面的教学质量，导致评价结果的偏向性。这可能会使教学质量被人为地夸大或低估，而不能真实地反映教学实践的实际水平。为了避免指标间的包含关系，评价体系的设计应具备独立性和互不重叠的原则。每个评价指标应该独立地反映一个特定的教学质量方面，而不与其他指标有重叠或冗余的信息。这样可以确保每个指标在评价过程中都能发挥独立作用，而不受其他指标的影响。在选择评价指标时，可以运用相关性分析和因子分析等方法来检验指标之间的相关关系。如果发现指标之间存在高度相关性，就需要对其进行筛选和调整，以确保指标的独立性和互不重叠性。只有在指标之间不存在包含关系的情况下，评价结果才能更加准确和可靠地反映教学质量的真实水平。

（6）指标设置要重点突出。评价体系中的指标应当全面、客观地反映教学质量各个方面的优劣，并且具备重点突出和有代表性的特点，以免次要信息冲淡主题。为了确保指标的这一特点，评价体系的设计应该经过仔细的论证和验证，包括对教学质量的研究和实践经验的分析，以及对专家的意见和反馈的收集。通过多方面的参与和权衡，可以确保评价体系中的指标能够全面、客观地反映教学质量的各个方面，并提供准确有效的评价结果。

5.3.2 影响教学质量反馈评价指标选取的因素

确定相关的评价指标是构建评价体系中最重要的一个环节，它关系到最终评价体系的准确性和科学性，只有选择了正确的评价指标才有可能对教学质量进行正确的评价。

总的来说，教学质量反馈评价体系涉及的因素众多，因此在选择评价指标时确实面临着复杂性。我们应根据具体的教学情况来建立最合适的评价体系。在选择评价指标的过程中，需要综合考虑以下三个方面：

（1）要考虑教学的实际情况。评价指标应该与具体的教学目标和要求相匹配，关注关键的教学方面。不同学科、年级和教学模式可能需要不同的评价指标，因此要根据实际情况选择合适的指标。这需要对教学过程进行充分的分析和理解，以确保评价体系的针对性和实用性。

（2）评价指标的选择应考虑其可行性。这包括指标的可测性、数据收集的难易程度及评价过程的可操作性。评价指标应该是可以被实际收集和测量的，而且数据的获取应该相对容易和可靠。同时，评价过程应该是可行的，可以在实际教学环境中进行有效实施。

（3）评价指标的有效性是需要被关注的。评价指标应具备促进教学质量提升的作用。评价结果应该能够为教师和教育机构提供有意义的反馈信息，指导他们改进教学实践和教育策略。评价指标的设计应注重实用性和可操作性，确保评价结果能够被广泛接受和应用。在选择评价指标和设计评价体系时，需要进行充分的研究、讨论和论证。借助教育专家、教师、学生和家长等多方参与，可以确保评价指标的合理性和可行性。灵活性也是评价指标的重要特点，它应该能够适应教育环境的变化和发展，不断提升其有效性和适应性。

笔者在构建评价体系时主要从四个方面入手，即学生、教师、用人单位、学校；同时，运用层次分析法将评价体系分为目标层、准则层和指标层。将学生、教师、用人单位、学校这 4 个子系统作为评价体系的一级指标，并根据我国教学质量反馈评价体系的现状及存在的问题，筛选出影响教学质量反馈的 19 个二级指标，从而形成一个完善多元的教学质量反馈评价体系，具体如表 5-1 所示。

表 5-1　教学质量反馈评价体系构成

目标层	准则层	指标层
教学质量反馈评价体系	学生$\boldsymbol{B}_1$	学习成绩$\boldsymbol{C}_1$
		学习状态$\boldsymbol{C}_2$
		学习态度$\boldsymbol{C}_3$
		学习满意度$\boldsymbol{C}_4$
		实践能力$\boldsymbol{C}_5$
	教师$\boldsymbol{B}_2$	任课成绩$\boldsymbol{C}_6$
		教学氛围$\boldsymbol{C}_7$
		教学态度$\boldsymbol{C}_8$
		教学方式$\boldsymbol{C}_9$
	用人单位$\boldsymbol{B}_3$	工作态度$\boldsymbol{C}_{10}$
		学习能力$\boldsymbol{C}_{11}$
		专业结合能力$\boldsymbol{C}_{12}$
		工作效率$\boldsymbol{C}_{13}$
	学校$\boldsymbol{B}_4$	培养方案$\boldsymbol{C}_{14}$
		教学督导$\boldsymbol{C}_{15}$
		规章制度$\boldsymbol{C}_{16}$
		应急处置$\boldsymbol{C}_{17}$
		反馈平台建设$\boldsymbol{C}_{18}$
		教学环境$\boldsymbol{C}_{19}$

5.4　教学质量反馈评价指标意义分析

5.4.1　学生评价要点

在本科生教育教学体系中，学生既是培养的主体又是被无限复制的产品。学生的质量是教学效果的直接体现。学生评价因素包括学习成绩、学习状态、学习态度、学习满意度、实践能力五项指标。

5.4.1.1 学习成绩

学生的学习成绩作为评价教学质量的最好标准，反映了学生在学习过程中所取得的成果和表现，是教育教学活动的最终产出。教学质量的高低可以通过学生学习成绩的好坏来进行评判。因此，学生的学习成绩被广泛应用于教学质量评价，并在教学管理中占据举足轻重的地位。学生对于教育教学活动的综合评价具有重要意义。学生的学习成绩不仅可以反映学生个体的学习水平和能力，还可以在一定程度上反映学校整体的教学水平。通过对学生学习成绩的综合评价，学校可以了解自身教学质量的优势和不足，从而有针对性地进行课程建设和教学改进。通过持续的评价和反馈，学校可以不断提升教学质量，形成良性循环。

5.4.1.2 学习状态

学习状态是学生在学习过程中的综合表现，它反映了学生的学习效率、学习动力等方面的情况。学习状态的好坏对学生的整体学习效果有着重要的影响。一个良好的学习状态能够提高学习的效率和质量，使学生更加专注、积极主动地参与学习活动，从而取得更好的学习成果。评价学生的学习状态是为了更好地帮助学生改善学习效果和提升学习能力。通过了解学生的学习状态，学校和教师可以为学生提供相应的教学指导和支持，制订个性化的学习计划，培养学生的自主学习能力和提供有效学习策略。

5.4.1.3 学习态度

学习态度是学生在学习过程中表现出的态度和行为，它直接关系到学生的学习积极性、学习投入度及对专业知识的深入探究程度。学习态度对学生的学习成绩有重要影响，它是学习成绩的外在体现之一。通过评价学生的学习态度，学校和教师可以及时发现学生的学习习惯问题、心理障碍或学习动力不足等情况，以便采取相应的教育措施，帮助学生改变学习态度，保证学习效果。

5.4.1.4 学习满意度

学习满意度是评价学生对学习经历和学习环境的满意程度的指标。它不仅涵盖了对所学专业的认可度，还包括对课程设置、教学质量、教学环境等与学习相关的各方面的满意度。学习满意度与学生对学习的热情、学习效率及对所学专业的兴趣密切相关。评价学生的学习满意度有助于了解学生对学习经历和学习环境的感受，为改善教学质量和学习体验提供依据。通过评价学生的学习满意度，教育机构和教师可以及时了解学生的需求和反馈，加强与学生的沟通和互动，提供更加符合学生期望的教学服务，从而保证学生的学习效果和提高学生的满意度。

5.4.1.5 实践能力

优秀的实践能力是指学生能够将所学知识应用于实际生产和工作环境中，并取得良好的成果。实践能力的培养是学生在众多实践课程环节中进行锻炼的目标之一，通过实践活动，学生能够提升解决问题、创新思维、团队合作等实际应用能力，为未来的工作和职业发展打下基础。评价学生的实践能力有助于了解学生在实际应用中的能力和潜力，为其未来的职业发展提供参考和指导。通过评价学生的实践能力，学校和教师可以了解学生的实践经验和所取得的成果，帮助他们发现和发展自己的优势，并提供相应的培训和指导，以进一步提升他们的实践能力。

5.4.2 教师评价要点

教师作为教学工作的主要承担者，在教学质量反馈评价体系中占据主导位置。在对教学质量的一些研究中，研究者都将师资队伍作为主要研究对象，可见教师队伍对教学质量的重要作用。一方面教师要具备更强的教学能力和创新精神，另一方面教师要将更多的精力用在科研活动上，同时必须把课堂掌控在自己的管理之中，且要排除课堂中的不确定因素。教师的评价因素包括任课成绩、教学氛围、教学态度、教学方式四项指标。

5.4.2.1 任课成绩

教师的任课成绩是评价其教学质量的重要指标之一。教师的任课成绩是教学效果的最直接体现，包括学生在教师指导下的学习成绩、考试成绩、作业质量、项目成果等。教学效果好可以让学生的学习热情升高。在绝大部分情况下任课成绩的高低可以真实地反映教学效果的好坏，可以反映教师的教学水平和能力的高低。任课成绩可以通过定量的考核指标来评价，如学生成绩和考试通过率。当然，不排除部分课程的成绩与实际教学效果不符的可能性。在对该指标进行评价时，可以将各班成绩、历届成绩等作为评价依据。

5.4.2.2 教学氛围

教学氛围是一个双向性的特殊立场，涵盖了学生和教师在课堂上的学习和讲课氛围。学生的学习氛围指的是学生在课堂中的学习环境和态度，包括学生对学习的积极性、主动性，以及对知识的探索和理解的程度。而教师的讲课氛围则指教师在课堂上的教学方式、教学态度和教学效果。在传统的大班授课制课堂上，学生与教师之间的互动对于教学氛围至关重要。学生的参与度和互动次数反映了他们对课堂内容的理解和感兴趣程度。如果学生能够积极参与课堂讨论、回答问题或提出自己的观点，那么课堂氛围通常更加活跃和更具互动性。此外，学生对教师讲授的内容是否有所反馈（如听课报告情况），也可以作为评价教学氛围的参考依据之一。同时，教师在课堂上的讲课氛围也对教学效果和学生学习氛围产生重要影响。教师的教学方式、教学态度和教学效果直接影响学生的学习体验和学习成果。一个具有良好讲课氛围的教师能够生动地讲解知识，激发学生的学习兴趣，引导学生思考和探索。他们可以通过灵活的教学方法、启发式的问题引导及实例的运用等方式来增强课堂的互动性和吸引力。

5.4.2.3 教学态度

教学是一个多方面的长时性过程，它不仅局限于课上对学生的讲授，还包括课下的交流互动和答疑解惑环节。所以，教师的态度在教学中起着至关重要的作用。良好的教学态度能够建立积极的师生关系，激发学生的学习兴趣，增强学生的学习动机，帮助他们充分发挥潜力。在对该指标进行评价时，可以将教学质量评价、课堂信息收集表、督导组报告等作为评价依据。

（1）教学质量评价：评价教师的教学质量，包括教学的准备和组织、教学内容的传授、教学方法的选择和运用、教学效果的评价等。教学质量评价可以通过学生的学习成绩、考试表现、作业完成情况等来反映。

（2）课堂信息收集表：通过课堂信息收集表，可以了解学生对教学态度的感受和评价。学生可以在表格中反馈教师在课堂上的表现、态度和教学效果，以及对教学过程中的建议和意见。

（3）督导组报告：教学督导组可以定期对教师进行教学观察和评价，并撰写督导组报告。这些报告包括对教师在课堂上的教学态度、教学方法和学生互动情况的评价，以及对教师的建议和改进意见。

5.4.2.4 教学方式

教学方式因人而异，每个教师都有其独特的教学方式。教学方式没有固定的标准，也没有绝对的好坏。不同的教师可能采用不同的教学方法、教学策略和教学风格，以适应不同的学生群体和教学环境。个别学生对同一个教师的教学方式的认可程度可能会有出入，这是因为学生的学习风格和个人喜好存在差异。在对此指标进行评价时，可以将学生评价、教师互评等作为评价依据。

（1）学生评价：学生的评价是评价教学方式的重要依据之一。学生可以通过问卷调查、反馈意见或面谈等形式表达对教学方式的看法。他们可以评价教师的教学方法是否生动有趣、是否能够激发他们的学习兴趣、是否能够帮助他们理解和掌握知识等。

（2）教师互评：教师之间可以进行相互评价，分享彼此的教学经验和观察。教师互评可以提供不同教学方式的反馈和意见，帮助教师改进教学方法和保证教学效果。

5.4.3 用人单位评价要点

随着我国经济快速发展，社会对各类型人才的要求也越来越高。人才培养的最终目标是为社会提供能够胜任各种工作岗位的优秀人才。因此，用人单位对毕业生的评价在一定程度上反映了人才培养的最终质量，并对高校教学质量的提升起到促进作用。用人单位的评价要点包括工作态度、学习能力、专业结合能力、工作效率四项指标。

5.4.3.1 工作态度

学生的工作态度在很大程度上取决于他们在学习期间养成的学习习惯，包括对待学习的态度、自律性、责任感，以及对完成任务的认真程度等方面。用人单位对学生的工作态度进行评价可以真实地反映该学生在工作时是否表现出认真积极的态度，是否能够尽职尽责地完成工作。工作态度在很大程度上决定了学生是否能够胜任用人单位的岗位。在对该指标进行评价时，可以将出勤率、用人单位评价等作为评价依据。

（1）出勤率。出勤率是评价学生出席工作岗位的频率和稳定性的重要指标。学生出勤率高意味着他们对工作的态度认真，能够按时出席并参与相关活动；相反，出勤率低可能暗示着学生在工作中缺乏积极性和责任感。

（2）用人单位评价。用人单位的评价是非常有价值的参考依据。用人单位能够直接地观察到学生在工作环境中的表现，因此他们的评价能够提供关于学生工作态度的实际观察和反馈。这种评价可以来自实习或实训项目，或者是毕业生在职场中的表现。

评价学生的工作态度需要综合考虑多个因素，并结合具体的工作环境和要求进行。同时，用人单位也应该充分理解学生在学习阶段的成长和发展过程，给予他们适当的指导和培养机会，以帮助他们建立正确的工作态度和养成好习惯。高校在培养学生的工作态度时应注重培养学生的自主性、责任感和团队合作精神。通过设计有挑战性的课程和实践项目，提供机会让学生在真实的工作场景中培养工作态度和职业素养。此外，高校还可以通过教育教学改革，注重培养学生的综合素质和实践能力，以更好地满足用人单位对工作态度的要求。

5.4.3.2 学习能力

学习能力是学生的一项重要的个人能力，它不仅包括学习新知识的能力，还包括学习规则、吸收经验的能力。这些能力是学生在本科学习阶段培养的能力的延伸，而学生在工作岗位上的学习能力将直接影响他们的工作表现。在对该指标进行评价时，可以将学生适应度、上手周期、学习时间等作为评价依据。

（1）学生适应度。评价学生在工作环境中的适应能力。这包括学生对新工作环境、工作要求和团队合作的适应程度。具有良好学习能力的学生能够快速适应新的工作环境，理解并融入工作团队，展现出学习和适应能力。

（2）上手周期。评价学生在新工作岗位上达到熟练水平所需的时间。学习能力强的学生能够快速掌握并应用新的工作知识和技能，缩短上手周期，迅速融入工作中并展现出良好的工作表现。

（3）学习时间。评价学生在工作中投入学习中的时间和精力。学习能力强的学生具备主动学习的意识和习惯，能够主动寻求学习机会，不断提升自己的专业知识和技能，以适应工作的需求和变化。

评价学生的学习能力需要综合考虑他们在学习阶段养成的学习习惯、自主学习能力，以及对学习的积极性和动力。同时，用人单位也应该重视学生的学习能力，并为他们提供持续学习和发展的机会，以帮助他们在工作中不断成长和进步。

5.4.3.3 专业结合能力

专业结合能力是考查学生能否学以致用的重要指标之一，除了学生的个人因素，如专业素养、对专业的理解程度等，也有学校方面的因素。本科所学课程与实际生产应用不一定匹配的原因是某些专业的学生到了工作岗位上依然要重新开始学习，这也就是前文提到的课程设置更新速度落后的问题。我国现行的专业结合问题前文已经提到，这里不再赘述。在对该指标进行评价时，可以将专业对口性、专业应用情况、实践经验等作为评价依据。

（1）专业对口性。评价学生所学专业与实际工作岗位的对口程度。如果学生所学专业与工作岗位的要求高度匹配，那么其在工作中能够充分运用所学的专业知识和技能，展现出较好的专业结合能力。

（2）专业应用情况。评价学生在实际工作中能否灵活运用所学专业知识来解决问题。学生应具备将理论知识转化为实际操作的能力，能够应对实际工作中的挑战，并提供切实有效的方案。

（3）实践经验。评价学生在校期间积累的实践经验和参与实际项目的能力。学生通过实践项目、实习或实训等在实际操作环境中的经历，能够更好地理解和应用所学专业知识，提升专业结合能力。

评价学生的专业结合能力需要考虑学校和教育机构的课程设置和教学方法。学校应该密切关注行业和市场的发展趋势，及时调整和更新课程设置，确保学生所学的专业知识与实际工作需求相匹配。此外，学校还应提供实践机会、产业合作项目等，帮助学生在实际工作中锻炼专业结合能力。对于我国目前存在的专业结合问题，需要学校、行业和政府共同努力解决。学校应加强与行业的合作，建立实践基地和产学研联合实验室，提供更贴近实际的教学环境和项目；行业应积极参与教育改革，与学校合作制订实践教学计划和进行课程设计，确保学生毕业后具备良好的专业结合能力；政府应加强对教育体系的引导和监管，推动教育与就业的有效对接，促进学生专业结合能力的提升。

5.4.3.4 工作效率

工作效率是指在一定时间内能否完成工作任务并产生良好的工作效果，它反映了学生是否能够为用人单位或社会创造个人价值。一个优秀的毕业生应该具备按时按量完成工作任务的能力，而工作效率的高低也是学生是否能够胜任该工作岗位的一个重要方面。在对此指标进行评价时，可以将工作任务、工作完成情况等作为评价依据。

（1）工作任务。评价学生在工作中承担的任务数量和复杂程度。学生应能够合理分配时间和资源，有效管理工作任务，确保按时完成各项工作任务。

（2）工作完成情况。评价学生在工作中的成果和工作质量。学生应具备高质量的工作标准和严谨的工作态度，能够准确理解和满足工作要求，确保工作成果符合预期。

评价学生的工作效率需要综合考虑学生在学习和实践中培养的工作习惯、时间管理能力，以及对工作任务的理解和把握能力。学校在培养学生的工作效率方面可以采取多种措施，如在课程设置中注重培养学生的时间管理能力和任务管理能力，提供实践机会和项目任务，让学生在真实工作场景中提高工作效率。此外，学生个人也应该实现自我提升，可以通过合理地规划和安排时间，制定明确的工作目标和计划，提高工作的组织性和执行力。同时，积极寻求反馈和改进，不断优化工作流程和提升工作效率。

5.4.4 学校评价要点

学校的评价要点包括培养方案、教学督导、规章制度、应急处置、反馈平台建设、教学环境六项指标。

5.4.4.1 培养方案

学校的教学信息反馈通过制订培养方案来实现。培养方案的制订是对国家教育政策和教育部的建设方针的反馈，旨在确保学校的培养目标与国家教育政策相一致，并为学生提供符合社会需求的教育和培养。培养方案中明确了学制与学位的设置。学制与学位是指学生在学校学习的时间长度和学位授予的要求。培养方案应该根据学科特点和专业需求，合理确定学制，并规定学生在学制内完成一定学分要求后可以获得相应的学位。学制的设置反映了学校对学生学习时间的规划，也与国家教育政策和教育部的要求相对应。培养方案包括课程体系的具体设置。课程设置是培养方案中的重要组成部分之一，它涉及学校为学生提供的各类课程的安排和组织。课程设置应根据专业特点和学科要求，合理安排和组织各门课程，确保学生在学习过程中能够全面掌握专业知识和技能。课程设置的合理性是评价培养方案的重要依据之一，它直接关系到学生的学习效果和专业能力的培养。在对培养方案进行评价时，可以将课程设置合理性、培养目标合理性等作为评价依据。评价课程设置合理性时，可以考察课程的结构是否科学合理、课程之间的衔接是否紧密、是否充分覆盖了专业知识和技能的培养等方面。评价培养目标合理性时，可以考察培养目标是否与专业发展趋势和社会需求相匹配、是否具备可操作性和可衡量性等。

5.4.4.2 教学督导

学校教学督导组的监督检查是确保教学按照培养方案中的规定进行的重要环节。督导组的成员通过对课堂和其他教学环节的监督、检查和评价，促进教学的质量提升和规范执行。督导组的工作有利于保证教学按照培养方案中的有关规定进行。督导组通过对教学的监督检查，确保教师在教学过程中遵循培养方案中明确的教学要求和标准。他们关注教学的内容、教学方法、教学资源的使用等方面，以确保教学质量的稳步提升。督导组的工作包括对教学制度的落实情况和教学规范的执行情况进行监督检查。他们评价教学制度在实际操作中的执行情况，如教学计划的制订与执行情况、考核评价制度的有效性等。同时，他们还关注教学规范的执行情况，包括教师的教学态度、课堂纪律、学生参与程度等方面，以确保教学过程的规范性和有效性。在监督检查的过程中，督导组应根据规章制度对不符合标准的行为进行适当的调整与批评。他们可以针对发现的问题提供建议和指导，并与相关教师和管理人员进行沟通和讨论，以促进问题的解决和教学的改进。通过及时的反馈和指导，督导组帮助教师和学校管理者提高教学质量。在对教学督导工作进行评价时，可以将监督检查计划、监督检查标准和监督检查结果作为评价依据。监督检查计划包括督导组确定的监督检查目标、范围和时间安排，评价其合理性和可行性。监督检查标准是督导组根据培养方案和教学要求制定的评价标准，评价其科学性和适用性。监督检查结果反映了教学的实际情况和存在的问题，评价其准确性和全面性。综合考虑这些评价依据，可以对教学督导工作的有效性和成效进行评价和反馈。

5.4.4.3　规章制度

学校规章制度的建立对教学工作的稳定和有序进行起着重要的作用。规章制度为教学提供了明确的指导和规范，确保了教学活动的顺利进行，以及师生之间的权力和责任的平衡，对教学秩序进行了规范性要求。学校的规章制度包括教师和学生在教学过程中的行为规范、纪律要求、课堂管理规定等内容。这些规定旨在维护教学秩序、确保教学活动的正常进行。例如，规章制度可以明确规定学生的出勤要求、迟到早退的处理办法，教师的教学纪律要求、备课时间的安排等。通过规章制度的规范，学校能够建立一个有序的教学环境，为师生提供良好的学习和教学条件。规章制度的实行情况和更新情况是评价这一指标的重要依据。规章制度的实行情况反映了学校对规章制度的执行力度和效果，评价时可以考察学校是否有完善的规章制度体系、规章制度是否得到广泛宣传和贯彻执行。同时，规章制度的更新情况也是评价的重要方面。随着教育环境和需求的变化，规章制度需要根据实际情况不断进行修订和更新，以适应新的教学要求和发展趋势。因此，规章制度的及时更新和与时俱进也是评价其有效性和适用性的重要依据。

5.4.4.4　应急处置

学校应当对应急事件提前做好预案，以应对各种突发情况，保障师生的安全和教学秩序。这些预案包括应急预案、紧急情况下的教学调整、网络舆情处置，以及教学秩序受到影响时的处理等。评价这一指标时，可以考虑将以下方面作为评价依据：应急预案的合理性与可行性、应急演练的频率、应急预案的实施情况等。

（1）应急预案的合理性与可行性是评价的重要依据之一。学校应该制定符合实际情况和特点的应急预案，确保其合理性和可行性。应急预案应该考虑各种可能发生的紧急情况，包括自然灾害、事故、突发公共卫生事件等，针对不同的情况制定相应的预案和处置措施。这些预案应该具备科学性、可操作性，并能够在紧急情况下迅速启动和执行。

（2）应急演练的频率也是评价的重要依据之一。学校应该定期组织应急演练，以检验和提升应急预案的有效性和执行力。通过模拟真实的紧急情况，学校能够评价教师和学生在应急情况下的反应能力和应对措施，进而改进和完善应急预案。应急演练的频率应当根据实际情况和学校特点来确定，确保教职员工和学生都能够熟悉应急预案，并具备相应的应急能力。

（3）评价时还可以考察应急预案的实施情况。学校应当建立健全的应急管理体系，确保应急预案得到有效执行，包括明确责任分工、建立沟通协调机制、配备必要的应急资源等。评价时可以关注应急预案的执行情况，包括应急通知的发布与响应、紧急情况下教学工作的调整与安排、网络舆情的监测和处置等方面。学校应当及时调整和改进应急预案，以提高应对突发事件的能力。

5.4.4.5 反馈平台建设

在“互联网+”时代，反馈平台的建设程度对反馈质量具有重要影响。智能化的反馈平台使学生可以随时随地对课程进行反馈和提出建议，从而解决传统反馈方式中反馈周期长、反馈不及时的问题。这样的平台不仅提高了学生对反馈制度的热情，还充分发挥了学生的主观能动性。在对该指标进行评价时，可以将反馈平台使用体验、反馈平台更新速度等作为评价依据。

（1）反馈平台使用体验是评价的重要依据之一。学生使用反馈平台时，平台应该简洁、易用，并提供良好的用户界面和操作流程。学生应该能够轻松地找到反馈入口，快速填写反馈内容，并提交给相关教师或管理人员。反馈平台还应该支持多种反馈形式，如文字、图片或视频上传等，以便学生更全面地表达自己的观点和建议。此外，反馈平台还应具备良好的反馈处理机制，包括及时回复和跟进反馈内容，使学生感受到他们的反馈得到了重视和处理。

(2) 反馈平台更新速度也是评价的重要依据之一。随着技术的快速发展和教育需求的变化，反馈平台需要及时更新和完善，以适应不断变化的需求。学校应该密切关注反馈平台的更新情况，保持平台功能和性能的优化。例如，可以增加新的功能模块，改善用户体验，修复已知的问题和漏洞等。通过及时的更新，反馈平台能够不断提升自身的功能和效能，为学生提供更好的反馈体验和服务。

综上所述，在“互联网+”时代，反馈平台的建设程度对于反馈质量有着重要影响。评价这一指标时，可以考虑反馈平台的使用体验和更新速度等方面。通过提供良好的平台使用体验和及时更新，学校能够调动学生对反馈制度的积极性，提高反馈的质量，从而不断改进教学工作。

5.4.4.6 教学环境

教学环境是指学生进行学习和实践活动时所处的物理空间和所具备设施条件，包括教学硬件设施、实验室环境、实践基地等。一个舒适且设备良好的教学环境对学生的学习效果和专注度具有重要影响。良好的教学环境能够使学生保持积极的心态，减少外界因素的干扰，提高学习效率，并且在实验和实践活动中获得良好的体验和成果。在对此指标进行评价时，可以将设施的完整性、设备的更新速度、实践基地的先进性等作为评价依据。

设施的完整性是评价教学环境的重要依据之一。学校应当提供完善的教学硬件设施，包括教室、实验室、计算机室、多媒体设备等。这些设施应当满足学生学习和实践的需求，具备足够的容量和功能。例如，教室应当舒适宽敞，能够容纳足够的学生，并提供良好的视听设备和互联网链接。实验室应当有必要的实验设备和器材，满足学生进行实验和科研活动的要求。评价时可以考察教学设施的数量、质量、功能齐全程度等方面。

设备的更新速度是评价的重要依据之一。由于技术的不断进步和更新，教学设备也需要不断跟进和升级，以适应新的教学需求。学校应当及时更新教学设备，确保其技术水平和性能能够满足教学和实践的要求。评价时可以考虑设备的更新频率、设备的性能和功能是否与时俱进等。

实践基地的先进性也是评价教学环境的重要依据之一。实践基地是学生进行实践和实习活动的场所，可以是实验室、工作室、实训中心等。学校应当建立先进的实践基地，提供符合行业标准和最新发展趋势的设备和环境，使学生能够接触到真实的工作场景和应用技术。评价时可以考察实践基地的设施条件、设备先进性、与行业合作的情况等。

6 教学质量反馈评价研究

6.1 教学质量反馈评价方法的选择

教学质量反馈评价是一个内容广泛、层次复杂的任务，需要选择合理、科学的评价方法对本科生培养过程中的教学质量进行评价。本章同样采用层次分析法与模糊综合评价法相结合的方法进行评价。这两种方法详见第四章，本节不再赘述。

6.2 教学质量反馈评价指标权重的确定

在教学质量反馈评价中，确定评价指标的权重是一个关键步骤。每个指标都是不可或缺的，但对整个评价系统的影响程度是不同的。指标权重是指标的固有属性与评价者的主观判断相结合的结果。通常情况下，指标权重越大，说明该指标对整个教学质量反馈评价体系的影响越大，这意味着该指标能够更好地反映教学质量的核心要素，对最终评价结果具有较大的决定性作用；反之，指标权重越小，则表明该指标对整体评价的影响越小。通过确定各项评价指标的权重，我们能够科学量化地衡量每个指标对整体教学质量反馈评价的贡献程度。指标权重的确定可以从以下三个方面来考虑：

（1）明确教学质量反馈评价的具体指标和侧重点。不同的评价指标侧重点和关键因素都不尽相同。对于以教学效果为核心的评价，可以更多地关注学生的学习成效、知识掌握程度、问题分析能力、创新思维等指标，并相应提高这些指标的权重。而针对师资水平的评价，则应注重教师的专业素质、教学能力、课堂组织管理等方面，适当加大相关指标的权重。对于以课程设置为重点的评价，则需要关注课程设计的科学性、课程内容的前沿性、课程实践性等指标，据此确定各指标的权重分配。通过明确不同评价指标的核心内容和关键因素，并将其与指标权重的设置紧密结合，可以确保评价结果更好地反映教学质量的实际状况，为后续的教学改革与优化提供有价值的参考依据。

（2）深入分析影响教学质量的关键因素。在分析教学设计因素时，应关注课程目标的明确性、教学内容的科学性、教学计划的合理性等指标，并考虑它们对教学质量的影响程度。对于教学方法，则需要分析教学手段的多样性、教学互动的丰富性、教学效果的实用性等方面，并据此确定相应的权重分配。而在评价师资水平时，应从教师的学历背景、专业知识、教学经验、授课态度等多个维度进行分析，以全面了解教师队伍的整体素质状况。同时，还要关注学生学习投入，包括上课出勤率、课后自主学习时间、作业完成质量等指标，考虑学生参与度对教学质量的影响。通过对这些关键因素的深入分析，可以更准确地识别影响教学质量的主导因素，并根据各因素的重要程度合理设置评价指标的权重分配，使评价结果更加客观公正。

（3）广泛征求各利益相关方的意见反馈。教学管理者可以从宏观层面提供专业性意见，帮助提高评价指标体系的科学性和合理性。教学督导则可以从课堂实践角度，针对教学设计、教学方法等关键因素提出针对性建议。学生代表则能够以学习者的角度反映对教学效果的实际体验和诉求。通过邀请各方代表参与评价指标的设置，并采用专家打分、层次分析等科学方法，综合各方意见，可以更加客观全面地评价各指标的相对重要性，确保权重分配更加符合实际情况。这不仅有助于提高评价结果的准确性和公信力，也能增强各利益相关方的参与感和认同感，为教学质量的持续提升营造良好的氛围。同时，在实际执行评价时，也应建立规范的信息反馈机制，确保各利益相关方的意见诉求能够及时有效地被纳入评价过程，使评价体系保持动态优化，与教学实际需求紧密对接。

综上所述，在确定教学质量反馈评价指标权重时，应全面考虑评价的具体目标和侧重点、影响教学质量的关键因素，以及各利益相关方意见反馈等，以确保评价指标权重设置的科学性、公平性和针对性，从而提高教学质量反馈评价的可靠性和有效性。

6.2.1 常用的权重确定方法

教学质量反馈评价是一个复杂的系统工程，其中权重的确定至关重要。

权重体现了各评价指标在整体评价体系中的相对重要性，直接影响评价结果的客观性和准确性。在确定权重时，层次分析法作为一种定性与定量相结合的决策方法，展现出其独特的优势。

层次分析法可以对复杂的教学质量反馈评价体系进行层次化分析，从整体到细节进行逐层分解。这种层次化分析有助于更清晰地认识各指标之间的逻辑关系和相对重要性，为权重的确定提供了坚实的理论基础。例如，在一个典型的教学质量反馈评价体系中，可以将其分为教师教学水平、学生学习效果、教学管理效率等一级指标，并进一步细化为诸如教学态度、授课方式、考核方式、师生互动、教学资源利用等二级指标。通过这种层次化分析，可以更加深入地了解各指标在整体评价中的地位和作用，为权重的分配奠定基础。这种层次结构不仅有助于全面把握教学质量的各个方面，还能为不同层级的决策者提供有针对性的信息支持。高层管理者可以关注一级指标，了解整体教学质量状况，制定宏观的改进措施；而中层管理者和一线教师则可以聚焦于二级指标，针对具体的问题采取有针对性的优化行动。通过层次分析，教学质量反馈评价体系得以纳入系统思维，实现由上而下、由下而上的双向互动，提高评价结果的应用价值。

层次分析法需要邀请教学管理、教学督导等相关领域专家参与，充分利用他们的专业知识和丰富经验优化评价指标权重。专家的成对比较和判断，为权重确定提供了重要依据，体现了专家的主观判断。同时，将专家判断与数学模型相结合，有助于在定性与定量之间寻求平衡，提高权重确定的科学性。

相比之下，其他常用的权重确定方法，如主观打分法往往过度依赖少数专家意见，缺乏全面性和动态性。而层次分析法则能够更加客观、系统地反映各利益相关方的诉求，并随着教学实践的变化及时调整权重，确保评价结果贴合实际。例如，在某些特殊时期，学生学习效果可能成为教学质量反馈评价的重点，此时就需要相应提高这一指标的权重；而在其他时期，教师的教学水平可能更为关键，权重的分配也需要进行相应调整。层次分析法能够灵活地应对这种动态变化，确保评价体系保持与时俱进的特征。

目前，确定权重的方法可以分为三类：主观赋权法，如 Delphi 法、相邻指标比较法等；客观赋权法，如均方差法、主成分分析法、离差最大化法、熵值法等；主客观相结合的综合赋权法。

6.2.1.1　主观赋权法

主观赋权法主要包括 Delphi 法、相邻指标比较法等方法，下面具体介绍这两种方法。

（1）Delphi 法。Delphi 法是一种通过专家意见循环调查的方法。在 Delphi 法中，专家通过一系列问卷、讨论和反馈过程，逐步达成一致意见，从而确定权重。但在教学质量反馈评价体系的指标权重确定过程中，Delphi 法完全依赖参与专家的主观判断，缺乏客观数据支撑。专家的经验、偏好和知识水平会直接影响最终确定的权重，存在较大的主观性。这对于追求客观公正的教学质量反馈评价体系来说，存在一定局限性。Delphi 法需要经历多轮问卷调查和反馈讨论，直至专家意见趋于一致。这个过程比较烦琐和耗时，尤其当参与专家众多或分歧较大时，可能需要耗费大量时间和资源且难以广泛吸收各利益相关方的意见，这可能导致权重确定过程缺乏代表性，无法全面反映教学质量的多元诉求。

（2）相邻指标比较法。相邻指标比较法是一种简单直观的方法，评价者通过两两比较指标，并根据其重要程度进行排序，从而得到权重。当教学质量反馈评价体系较为复杂时，相邻指标比较法的应用会变得不太合适。随着指标数量的增加，两两比较的工作量会急剧增加，并且相邻指标比较法只能进行两两指标之间的比较，无法全面考虑指标体系的整体结构和层次关系。这种方法忽略了指标之间可能存在的交叉影响和关联性，难以反映各指标在整个体系中的相对重要性。最后经由此方法得出的权重，可能存在多种排序结果。在不同时间或由不同评价者进行评价时，其结果可能存在偏差或不一致，会导致不同评价者给出不同的权重方案，缺乏可比性，将直接影响教学质量反馈评价体系的动态比较和应用推广。

6.2.1.2 客观赋权法

客观赋权法主要包括均方差法、主成分分析法、离差最大化法和熵值法等方法，下面具体介绍这四种方法。

（1）均方差法。均方差法使用指标的方差或标准差作为权重的依据，方差越大的指标被赋予的权重越大。均方差法本质上仅依赖指标数据的变异程度，而忽略了指标本身的实际重要性和对教学质量反馈评价的实际影响。这意味着一些关键指标可能被赋予较低的权重，而一些波动性较大但实际影响较小的指标反而被赋予较高的权重。在教学质量反馈评价体系中，往往存在许多定性指标且具有较大波动性，如学生满意度、教学态度等。这些指标的数据难以直接量化，采用均方差法难以对其进行合理权重分配，仅依据数据的变异程度进行权重确定，可能会出现严重失真。

（2）主成分分析法。主成分分析法通过对指标进行线性组合，将多个相关指标转化为几个无关的主成分，然后根据主成分的方差贡献率确定权重。首先，该方法依赖于数据特征，结果易受标准化处理及极端值的影响而失真；其次，它仅依据主成分的方差贡献率确定权重，无法真实反映各指标在教学质量评价中的实际重要性；再次，主成分分析法得出的权重结果缺乏直观性和解释性，难以向相关方阐明其合理依据；最后，该方法忽略了评价体系的层次结构和内在联系，难以充分考虑指标间的上下级关系，从而导致权重分配不能充分体现评价体系的内在逻辑。

（3）离差最大化法。离差最大化法寻求一组权重，使得评价对象在各个指标上的离差（与最佳值之间的差异）最大化。离差越大的指标被赋予的权重越高。但该方法过于强调指标间的差异性，而忽略了指标本身的重要性，可能导致一些关键指标被赋予较低的权重；同时，离差最大化法缺乏对指标间内在联系的考虑，无法反映指标体系的层次结构和逻辑关系，难以全面地评价教学质量的各个维度；该方法依赖于最佳值的确定，而最佳值的选择往往具有一定的主观性，可能影响权重分配的合理性。

（4）熵值法。熵值法基于指标之间的距离或相似性进行权重分配。指标之间的相似性越高，其权重越接近。熵值法仅考虑指标间的相似性或差异程度，而忽略了指标本身在教学质量反馈评价中的重要性和关键性，这可能使一些关键指标被赋予较低的权重；此外，该方法无法充分体现评价体系的层次结构和逻辑关系，难以全面反映教学质量的各个方面。

6.2.1.3 主客观相结合的综合赋权法

主客观相结合的综合赋权法是将主观和客观方法相结合，综合考虑不同因素来确定权重。这种方法旨在兼顾决策者的主观意见和对数据的客观分析。例如，可以使用主观赋权法确定初始权重，然后通过客观赋权法进行修正和调整，以得到更准确、可靠的权重结果。

客观赋权法主要是利用大量实际生产生活数据来确定评价体系中指标的权重，强调指标权重的客观性，但在实际教学过程中，实际数据的获得难度较大，且在生活中需要通过专家或个人的知识或经验进行分析，因此对于复杂的指标体系，主观赋权法的运用较多。

综合使用不同的权重确定方法能够提高评价的全面性和准确性。在选择具体的方法时，应根据评价对象的特点、可获得的数据和评价目标的要求来进行综合考虑，并结合专家意见和实际情况进行权重确定方法的选择。因此，笔者选用层次分析法对教学质量反馈评价指标进行层次划分，通过对比判断计算得到各指标的权重值。

6.2.2 指标权重确定过程

6.2.2.1 建立多级递阶结构模型

笔者将目标层设为 **A**，即“教学质量反馈评价体系”，准则层设为 **B**，分别为“学生”“教师”“用人单位”“学校”四大指标，指标层设为 **C**，为准则层下设的共 19 个指标。

6.2.2.2 构建两两比较判断矩阵

根据 1~9 标度法对属于同一层次的评价指标进行两两比较打分，对填写人员的打分求平均值，为方便计算选取整数，并计算出权重。各层指标判断矩阵如表 6-1 至表 6-5 所示。

表 6-1 ***A*-*B*** 层指标判断矩阵

A	B_1	B_2	B_3	B_4
B_1	3	2	1/2	1
B_2	1/2	1	2	1
B_3	1	1/2	1/2	1/3
B_4	1	3	3	1

表 6-2 B_1-C 层指标判断矩阵

B_1	C_1	C_2	C_3	C_4	C_5
C_1	2	1/3	1/2	1/5	1/2
C_2	3	1	1	1/2	1
C_3	1/3	1	3	2	2
C_4	5	2	1	1	4
C_5	2	1	1/5	1/5	1

表 6-3 B_2-C 层指标判断矩阵

B_2	C_6	C_7	C_8	C_9
C_6	1	1/3	1/3	1/3
C_7	2	1	1/2	1/2
C_8	4	2	1	4
C_9	2	5	1	1

表 6-4 B_3-C 层指标判断矩阵

B_3	C_{10}	C_{11}	C_{12}	C_{13}
C_{10}	1	1	1/2	1/3
C_{11}	1	1	1/3	1/3
C_{12}	2	3	1	1
C_{13}	3	3	1	1

表 6-5 B_4-C 层指标判断矩阵

B_4	C_{14}	C_{15}	C_{16}	C_{17}	C_{18}	C_{19}
C_{14}	2	1	1/3	1/2	3	1
C_{15}	3	1/3	1/4	1/5	3	1/3
C_{16}	1/3	3	1	1/2	3	1
C_{17}	5	1/3	1/2	2	4	1/2
C_{18}	2	1	3	1	1	1
C_{19}	1	1/2	1/3	1/5	1	1

6.2.2.3　层次单排序及一致性检验

对各层的指标权重进行计算，先求出矩阵的特征向量，再进行归一化处理，下面以 **A–B** 层指标判断矩阵为例。

$$\boldsymbol{A}=\begin{bmatrix}3 & 2 & 1/2 & 1\\ 1/2 & 1 & 2 & 1\\ 1 & 1/2 & 1/2 & 1/3\\ 1 & 3 & 3 & 1\end{bmatrix}$$

将判断矩阵 **A** 的列向量进行归一化处理，可以得到矩阵 **B**

$$\boldsymbol{B}=\begin{bmatrix}b_{11} & b_{12} & b_{13} & b_{14}\\ b_{21} & b_{22} & b_{23} & b_{24}\\ b_{31} & b_{32} & b_{33} & b_{34}\\ b_{41} & b_{42} & b_{43} & b_{44}\end{bmatrix}$$

其中，

$$b_{ij}=a_{ij}/\sum_{k=1}^{4}a_{ij}$$

$$\boldsymbol{B}=\begin{bmatrix}0.5455 & 0.3077 & 0.0833 & 0.3030\\ 0.0909 & 0.1538 & 0.3333 & 0.3030\\ 0.1818 & 0.0769 & 0.0833 & 0.0991\\ 0.1818 & 0.4615 & 0.5000 & 0.3030\end{bmatrix}$$

将归一化的矩阵 **B** 的行向量的元素相加：

$$M_i=\sum_{j=1}^{4}b_{ij}\qquad (i,\ j=1,\ 2,\ 3,\ \cdots n)$$

得出 $M_1=1.2395$，$M_2=0.8810$，$M_3=0.4411$，$M_4=1.4463$，将向量进行归一化得到特征向量，也是权重 $\boldsymbol{W_B}=(0.3657,\ 0.2485,\ 0.1088,\ 0.2916)^{T}$。

计算判断矩阵 **S** 的最大特征根得

$$\lambda_{max}=\sum_{i=1}^{n}\frac{(AW)_i}{nW_i}\qquad (i=1,\ 2,\ 3,\ \cdots,\ n)$$

进而得

$$\lambda_{max}=4.1406$$

利用最大特征根 λ_{max} 与 n 之差检验一致性：

$$CI=\frac{\lambda_{max}-n}{n-1}=\frac{4.1406-4}{4-1}\approx 0.0469$$

平均随机一致性指标 $RI = 0.47$。随机一致性比率：

$$CR = \frac{CI}{RI} = \frac{0.0469}{0.47} \approx 0.0998 < 0.10$$

通过一致性检验。而上面求出来的特征向量即为各层权重，**A-B** 层指标权重如表 6-6 所示。

表 6-6　A-B 层单层次排序结果

A	B_1	B_2	B_3	B_4	权重	排序
B_1	3	2	1/2	1	0.4586	1
B_2	1/2	1	2	1	0.1290	4
B_3	1	1/2	1/2	1/3	0.3114	2
B_4	1	3	3	1	0.2977	3
一致性检验	$\lambda_{max}=4.1406$　$CI=0.0469$　$RI=0.47$　$CR=0.0998<0.1$					

同理，可以求出 **B-C** 层的排序结果，如表 6-7 至表 6-10 所示。

表 6-7　B_1 - C 层单层次排序结果

B_1	C_1	C_2	C_3	C_4	C_5	权重	排序
C_1	2	1/3	1/2	1/5	1/2	0.4689	1
C_2	3	1	1	1/2	1	0.2514	3
C_3	1/3	1	3	2	2	0.3015	2
C_4	5	2	1	1	4	0.1106	5
C_5	2	1	1/5	1/5	1	0.1997	4
一致性检验	$\lambda_{max}=4.9957$　$CI=0.029$　$RI=1.12$　$CR=0.0259<0.1$						

表 6-8　B_2-C 层单层次排序结果

B_2	C_6	C_7	C_8	C_9	权重	排序
C_6	1	1/3	1/3	1/3	0. 4019	1
C_7	2	1	1/2	1/2	0. 2247	3
C_8	4	2	1	4	0. 1765	4
C_9	2	5	1	1	0. 1967	2
一致性检验	$\lambda_{max}=5.1288$　$CI=0.0784$　$RI=0.89$　$CR=0.0881<0.1$					

表 6-9　B_3-C 层单层次排序结果

B_3	C_{10}	C_{11}	C_{12}	C_{13}	权重	排序
C_{10}	1	1	1/2	1/3	0. 2985	3
C_{11}	1	1	1/3	1/3	0. 4054	1
C_{12}	2	3	1	1	0. 3588	2
C_{13}	3	3	1	1	0. 1556	4
一致性检验	$\lambda_{max}=4.0019$　$CI=0.0843$　$RI=0.89$　$CR=0.0947<0.1$					

表 6-10　B_4-C 层单层次排序结果

B_4	C_{14}	C_{15}	C_{16}	C_{17}	C_{18}	C_{19}	权重	排序
C_{14}	2	1	1/3	1/2	3	1	0. 2465	1
C_{15}	3	1/3	1/4	1/5	3	1/3	0. 3859	4
C_{16}	1/3	3	1	1/2	3	1	0. 3665	3
C_{17}	5	1/3	1/2	2	4	1/2	0. 2995	2
C_{18}	2	1	3	1	1	1	0. 0989	6
C_{19}	1	1/2	1/3	1/5	1	1	0. 1962	5
一致性检验	$\lambda_{max}=4.0567$　$CI=0.0738$　$RI=1.26$　$CR=0.0586<0.1$							

由于各层级的 CI 均小于 0.1，CR 均小于 0.1，所以均通过一致性检验。

6.2.3 权重结果分析

根据计算得到的分析结果，对教学质量反馈评价体系中各评价指标的权重进行归纳整理，如表 6-11 所示。该权重表反映了各指标在评价指标体系中的相对重要性或贡献程度。

表 6-11 教学质量反馈评价体系各评价指标权重汇总

目标层	准则层	权重	指标层	权重	排序
教学质量反馈评价体系	学生$\boldsymbol{B}_1$	0.4586	学习成绩$\boldsymbol{C}_1$	0.4689	1
			学习状态$\boldsymbol{C}_2$	0.2514	10
			学习态度$\boldsymbol{C}_3$	0.3015	7
			学习满意度$\boldsymbol{C}_4$	0.1106	18
			实践能力$\boldsymbol{C}_5$	0.1997	13
	教师$\boldsymbol{B}_2$	0.1290	任课成绩$\boldsymbol{C}_6$	0.4019	3
			教学氛围$\boldsymbol{C}_7$	0.2247	12
			教学态度$\boldsymbol{C}_8$	0.1765	16
			教学方式$\boldsymbol{C}_9$	0.1967	14
	用人单位$\boldsymbol{B}_3$	0.3114	工作态度$\boldsymbol{C}_{10}$	0.2985	9
			学习能力$\boldsymbol{C}_{11}$	0.4054	2
			专业结合能力$\boldsymbol{C}_{12}$	0.3588	6
			工作效率$\boldsymbol{C}_{13}$	0.1556	17
	学校$\boldsymbol{B}_4$	0.2977	培养方案$\boldsymbol{C}_{14}$	0.2465	11
			教学督导$\boldsymbol{C}_{15}$	0.3859	4
			规章制度$\boldsymbol{C}_{16}$	0.3665	5
			应急处置$\boldsymbol{C}_{17}$	0.2995	8
			反馈平台建设$\boldsymbol{C}_{18}$	0.0989	19
			教学环境$\boldsymbol{C}_{19}$	0.1962	15

6.2.3.1 准则层中的权重结果分析

在教学质量反馈评价体系的准则层中，“学生”和“用人单位”所占的比重最大，二者相加的权重达 77%。具体来说，“学生”所占的权重超过

45%，“用人单位”所占的权重超过 30%。这表明在教学质量反馈中，学生和用人单位是最重要的参与方，也是核心群体。

“学生”所占的权重超过 45%，意味着他们在教学质量反馈中的意见和反馈对整体评价结果具有重要影响。学生的满意度、学业成绩和参与度等因素被认为是衡量教学质量的重要指标。这反映了学校和教育机构应该重视学生的需求和反馈，关注他们的学习体验和成果，以提高教学质量和满足学生的学习需求。

“用人单位”在教学质量反馈中的权重超过 30%，说明他们对教育质量的评价和认可也具有重要影响。用人单位关注毕业生的学习能力、专业结合能力和工作态度等因素。这表明学校需要与用人单位密切合作，了解他们对教育质量的期望，为学生提供符合用人单位需求的教育和培养。

“教师”排在第三位，“学校”排在第四位。这意味着教师在教学质量反馈中扮演着重要角色，而学校在整体评价中的权重较低。教师的任课成绩、教学氛围和教学方式等因素被认为是评价教学质量的重要指标。学校在教学督导、规章制度和应急处置等方面的表现也受到关注。

综上所述，对于教学质量反馈评价体系来说，学生和用人单位是最重要的参与方，他们的需求和反馈对整体评价结果具有重要影响。教师和学校在教学质量中扮演着重要角色，但相对于学生和用人单位，其权重较低。这些分析结果提醒学校和教育机构应当重视学生和用人单位的需求，并加强与用人单位的合作，以提高教学质量和培养符合社会需求的毕业生。同时，教师和学校也应持续关注和改善教学质量，以满足各方的期望和要求。

6.2.3.2 指标层中的权重结果分析

在指标层中，根据权重分析，可以得出以下结论：占权重最高的是“学习成绩”，其次是“学习能力”，排在第三位的是“任课成绩”。

“学习成绩”在教学质量反馈评价中所占的权重最高，这说明学生的学习成绩在评价教学质量方面具有重要的地位。学生成绩是教学效果的最直观体现和具象化结果。教育机构和教师通过关注学生的学习成绩，可以评价他们对知识和技能的掌握程度，进而了解教学的有效性和学生的学习成果。

“学习能力”排在第二位，这表明用人单位在评价教学质量时最看重的是毕业生学习新知识和新技能的能力。学习能力是指学生具备的学习、思考、分析和解决问题的能力。用人单位更加关注学生的综合素质和能力，而不是仅关注他们的成绩。学生的学习能力应该是全方位的，不仅在于掌握知识和理论，还在于将所学的知识和技能应用于实践和实际操作中。

“任课成绩”排在第三位，这是一个群体指标，反映了学生的整体学习情况和教师的教学效果。任课成绩综合考虑了学生在各门课程中的表现和学习成果，可以反映教师在课堂教学中的指导和辅导效果。通过评价任课成绩，可以对教师的教学质量进行相对比较和评价。

综上所述，在指标层中，学习成绩、学习能力和任课成绩是教学质量反馈评价体系中具有重要意义的指标。学习成绩直接反映了学生的学习效果，学习能力体现了学生的综合素质和能力，而任课成绩则反映了教师的教学效果和学生整体学习情况。学校和教师应关注这些指标，通过有效的教学方法和评价手段，提高学生的成绩、培养学生的学习能力、持续改善教学质量，以确保学生的全面发展并得到用人单位的认可。

6.3 应用模糊综合评价法评价教学质量反馈

6.3.1 建模方法与技术

模糊综合评价法是一种集定性分析与定量分析于一体的综合评价方法，已经在组织管理、过程控制和技术管理等领域得到了广泛应用。该方法适用于包含众多相关子系统的大型复杂系统，尤其适用于子系统中存在多个模糊性和不确定性因素的情况。前文已作详细介绍，此处不再赘述。在教学质量反馈评价中，模糊综合评价法能够有效地对各项指标进行综合评价，全面客观地反映教学质量的各个层面。该方法融合了专家判断和量化分析，能够充分考虑定性和定量因素，为教学质量反馈评价提供了一种科学合理的决策支持工具。

6.3.2 评价过程

首先确定各单因素指标隶属度。在本章的综合评价中，对于每一个指标设定五个级别评语，即 $\boldsymbol{V}=[v_1, v_2, v_3, v_4, v_5]$ = [很好，较好，一般，较差，很差]，并且赋值为 $\boldsymbol{V}=[5, 4, 3, 2, 1]$，其结果如表 6-12 所示。

表 6-12　评语集分布

评价等级	v_1（很好）	v_2（较好）	v_3（一般）	v_4（较差）	v_5（很差）
分数	5	4	3	2	1

由多位经验丰富的专家对指标价值体系进行评价，由每个专家单独对指标层的每个指标进行等级打分。由于指标的模糊性，可以综合每个人对该指标的打分次数，得出该指标对某个评语等级的隶属度，取多位赞同该指标的评语等级的比重为隶属度，从而建立单因素模糊综合评判矩阵，打分步骤及计算结果如下：

第一，成立专家组，明确问题主题。首先成立一支由多位经验丰富的专家组成的团队，他们在相关领域具有专业知识和经验。专家组的成员应该具备对评价对象进行深入了解和辨别的能力。在明确问题主题后，专家组开始进行评价指标的构建和评价。

第二，给专家发放咨询表并进行打分。采用匿名的形式，将评价指标的咨询表发放给每位专家。咨询表中列出了每个指标及其相关描述，专家需要对每个指标进行等级打分。通常使用 1~5 的分数进行评分，其中分数越高代表该指标的相对重要性越高。

第三，专家独立打分。每位专家在收到咨询表后，根据自己的专业理解和判断，对每个指标进行独立打分。专家需要考虑指标的重要性、对评价对象的影响程度等因素进行综合评价。打分结果应当反映专家对指标的主观认知和理解。

第四，结果汇总和反馈。在第一轮打分完成后，汇总各位专家的评分结果。可以计算每个指标在不同评语等级上的得分频次，从而得出该指标属于某个评语等级的隶属度。隶属度可以通过统计多位专家对该指标的赞同比重来确定。将汇总结果反馈给专家组，让他们知晓其他专家的评分情况。

第五，多次循环直至一致。根据专家组的反馈，进行多轮的打分和汇总。在每轮结束后，将汇总结果重新反馈给专家，再次让他们进行打分。通过多次循环的过程，专家们可以逐渐趋于一致，减少主观因素的影响，以保证综合评价的一致性和可靠性。

表 6-13 用等级打分得出各指标层权重

指标层	权重	很好	较好	一般	较差	很差
学习成绩	0.4689	2	9	11	8	0
学习状态	0.2514	8	4	2	1	0
学习态度	0.3015	11	6	7	2	0
学习满意度	0.1106	7	1	8	3	0
实践能力	0.1997	12	10	5	4	0
任课成绩	0.4019	16	10	7	5	0
教学氛围	0.2247	6	3	4	1	0
教学态度	0.1765	7	8	5	2	0
教学方式	0.1967	13	6	3	2	0
工作态度	0.2985	8	4	7	5	0
学习能力	0.4054	16	13	9	10	0
专业结合能力	0.3588	4	8	3	6	0
工作效率	0.1556	9	4	6	7	0
培养方案	0.2465	3	19	3	7	0
教学督导	0.3859	14	4	6	3	0
规章制度	0.3665	1	6	3	8	0
应急处置	0.2995	2	5	8	7	0
反馈平台建设	0.0989	10	12	4	5	0
教学环境	0.1962	12	3	14	3	0

表 6-14 用打分人数除以总人数算出隶属度

指标层	很好	较好	一般	较差	很差
学习成绩	0. 0650	0. 2990	0. 3660	0. 2650	0. 0050
学习状态	0. 5300	0. 2650	0. 1300	0. 0600	0. 1000
学习态度	0. 4200	0. 2300	0. 2600	0. 0750	0. 0150
学习满意度	0. 3640	0. 0530	0. 4210	0. 1520	0. 0100
实践能力	0. 3820	0. 3230	0. 1610	0. 1230	0. 0100
任课成绩	0. 4110	0. 2610	0. 1840	0. 1220	0. 0220
教学氛围	0. 4230	0. 2080	0. 2260	0. 0710	0. 1200
教学态度	0. 3130	0. 3540	0. 2270	0. 0910	0. 0150
教学方式	0. 4420	0. 2500	0. 1250	0. 0830	0. 1000
工作态度	0. 3330	0. 1600	0. 2120	0. 2080	0. 0870
学习能力	0. 3330	0. 2710	0. 1800	0. 1080	0. 1080
专业结合能力	0. 1900	0. 3810	0. 1430	0. 2360	0. 0500
工作效率	0. 3460	0. 1340	0. 2310	0. 2600	0. 0290
培养方案	0. 0940	0. 5940	0. 0940	0. 2190	0. 1600
教学督导	0. 5190	0. 1480	0. 2220	0. 1110	0. 2730
规章制度	0. 0560	0. 3330	0. 1670	0. 4440	0. 0360
应急处置	0. 0910	0. 2250	0. 3620	0. 3130	0. 0090
反馈平台建设	0. 3230	0. 3370	0. 1230	0. 1610	0. 0560
教学环境	0. 3350	0. 0940	0. 4330	0. 0940	0. 0450

6.3.3　各级指标的模糊综合评价向量

学生 $\boldsymbol{B}_1$ 对应模糊关系矩阵：

$$\boldsymbol{R}_{11}=[0.3080\quad 0.2610\quad 0.2740\quad 0.1560\quad 0.0000]$$

学生 $\boldsymbol{B}_1$ 指标对应的权重是 $\boldsymbol{W}_{11}=[0.4586]$，学生 $\boldsymbol{B}_1$ 的评价向量为 $\boldsymbol{B}_1=\boldsymbol{W}_{11}\times\boldsymbol{R}_{11}$。

$$\begin{aligned}\boldsymbol{B}_1&=(0.4586)\times[0.3080\quad 0.2610\quad 0.2740\quad 0.1560\quad 0.0000]\\&=(0.1412\quad 0.1197\quad 0.1257\quad 0.0715\quad 0.0000)\end{aligned}$$

同理可得教师 $\boldsymbol{B}_2$ 的评价向量：

$$\begin{aligned}\boldsymbol{B}_2&=(0.1290)\times[0.4280\quad 0.2670\quad 0.2030\quad 0.1010\quad 0.0000]\\&=(0.0552\quad 0.0344\quad 0.0262\quad 0.0130\quad 0.0000)\end{aligned}$$

用人单位 $\boldsymbol{B}_3$ 的评价向量：

$$\begin{aligned}\boldsymbol{B}_3&=(0.3114)\times[0.2930\quad 0.2630\quad 0.2050\quad 0.2390\quad 0.0000]\\&=(0.0912\quad 0.0819\quad 0.0638\quad 0.0744\quad 0.0000)\end{aligned}$$

学校 $\boldsymbol{B}_4$ 的评价向量：

$$\begin{aligned}\boldsymbol{B}_4&=(0.2977)\times[0.2360\quad 0.2830\quad 0.2370\quad 0.2440\quad 0.0000]\\&=(0.0703\quad 0.0842\quad 0.0706\quad 0.0726\quad 0.0000)\end{aligned}$$

6.3.4　整体指标的模糊综合评价向量

$$\begin{aligned}\boldsymbol{B}&=(1)\times[0.3290\quad 0.2570\quad 0.2390\quad 0.1760\quad 0.0000]\\&=(0.3290\quad 0.2570\quad 0.2390\quad 0.1760\quad 0.0000)\end{aligned}$$

可求得教学质量反馈评价体系整体评分值为

$$\boldsymbol{F}=\boldsymbol{VB}^{\mathrm{T}}=[54321]\times[0.3290\quad 0.2570\quad 0.2390\quad 0.1760\quad 0.0000]^{\mathrm{T}}=3.7420$$

整体评分值为3.7420，介于一般与较好之间。同理可以计算出每个指标的评分值：

表 6-15　各指标评分值

目标层	准则层	评分值	指标层	评分值
教学质量反馈评价体系	学生 $\boldsymbol{B}_1$	3.7049	学习成绩$\boldsymbol{C}_1$	3.1700
			学习状态$\boldsymbol{C}_2$	4.2660
			学习态度$\boldsymbol{C}_3$	3.9965
			学习满意度$\boldsymbol{C}_4$	3.6310
			实践能力$\boldsymbol{C}_5$	3.9680
	教师 $\boldsymbol{B}_2$	3.5032	任课成绩$\boldsymbol{C}_6$	3.9730
			教学氛围$\boldsymbol{C}_7$	4.0010
			教学态度$\boldsymbol{C}_8$	3.9090
			教学方式$\boldsymbol{C}_9$	4.2510
	用人单位 $\boldsymbol{B}_3$	4.1238	工作态度$\boldsymbol{C}_{10}$	3.6250
			学习能力$\boldsymbol{C}_{11}$	3.7290
			专业结合能力$\boldsymbol{C}_{12}$	3.4750
			工作效率$\boldsymbol{C}_{13}$	3.5770
	学校 $\boldsymbol{B}_4$	3.4202	培养方案$\boldsymbol{C}_{14}$	3.5660
			教学督导$\boldsymbol{C}_{15}$	4.0750
			规章制度$\boldsymbol{C}_{16}$	3.0010
			应急处置$\boldsymbol{C}_{17}$	3.0910
			反馈平台建设$\boldsymbol{C}_{18}$	3.8720
			教学环境$\boldsymbol{C}_{19}$	3.7530

7　教学质量控制

控制理论和技能在各种有控制机理的系统中起着重要的作用，包括社会系统和机械系统等，因此，教育控制论和工程控制论应运而生。高校教学质量控制是教育控制论在高校教学管理中的应用。教学质量控制的目标是使教学活动尽可能地实现人才培养的目标。具体而言，教学质量控制是基于教学目标、教学计划及质量标准，对实际教学活动与预定目标和标准之间的偏差进行衡量、分析，然后有针对性地采取纠偏措施，确保达到预期目标和标准。因此，教学质量控制的本质是通过科学的方法和途径，收集、处理和反馈与教学过程相关的信息。根据反馈信息，控制教学全过程中影响教学质量的相关因素，解决、纠正教学过程中出现的问题和偏差，从而使受控对象的行为满足控制者的期望。通过保证过程的质量，最终保障结果的质量。

教学质量控制是一个需要不断修正和改进的过程。它要求高校教学管理者与教师密切关注教学过程中的各种信息和反馈，包括学生的学习情况、教学方法的有效性、教材的适用性等。基于这些信息，他们需要及时调整教学策略，采取适当的措施提高教学质量，确保教学目标的达成。为了实现教学质量控制，高校可以采取一系列措施，包括建立有效的教学质量评价体系、开展教师培训、优化教学资源配置等。通过这些努力，高校可以不断改善教学质量，提高学生的学习效果和能力水平。教学质量控制的成功实施将促进高校更好地发展和提升整体教育水平。

7.1　基于“三全”理念的教学质量控制

保证高质量的教学是高等教育发展的当务之急，而基于“三全”理念的教学质量控制更是与时代潮流的发展相契合，它是强调全面性、全程性和全员性的教学质量控制，如图 7-1 所示，三个环节相互补充，缺一不可。教学信息反馈是教学质量控制中的一个重要环节，而提升教学质量则是教学质量控制的最终目标。

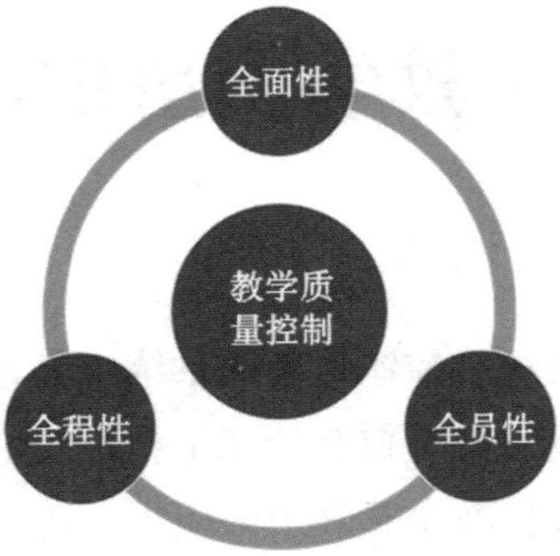

图 7-1　教学质量控制“三全”理念

7.1.1　全面性的教学质量控制

要实现全面性的教学质量控制，需要从培养方案的制订、教学质量影响因素的控制、质量反馈信息的使用、组织管理及质量指标的制定与监控五个方面进行。

（1）培养方案的制订是实现教学质量控制的基础。这意味着要贯彻执行培养方案中的教学计划、教学大纲，以及遵循国家和教育部的政策方针。通过严格按照教学规程组织教学，确保教学过程中的目标、内容、方法和评价等各个环节得到充分落实和执行。

（2）教学质量影响因素的控制是关键。包括学生、教师，以及对教学条件产生影响的各种因素。为了控制这些因素，需要采取一系列措施。例如，加强对学生的思想教育，培养良好的学习习惯和营造学术氛围，形成积极向上的学风；指导教师要明确教学思想，端正工作态度，提高教学能力和教学水平；对教学条件进行有效控制，及时更新老旧设备，更换损坏设备，以确保学生的外部教学环境质量。

（3）质量反馈信息的使用是教学质量控制的重要环节之一。教学质量反馈信息可以通过多种途径获取，如毕业生的信息反馈、学生对教学的评价、教师对学生的评价等。通过充分利用这些反馈信息，可以及时了解教学的实际情况，发现问题和不足，并采取相应的改进措施。例如，根据毕业生的反馈意见调整教学大纲，根据教学反馈平台上学生的信息反馈调整教学模式等。

（4）组织管理在教学质量控制中起着重要作用。其包括对师资队伍的管理、教学督导组的人选确定等对各级教学组织的管理。在组织管理过程中，需要明确规章制度，制定相关政策和流程，确保教学质量控制的有效实施。例如，建立教师评价制度，定期进行教学督导和评价，为教师提供培训和支持，促进其教学能力的提升。

（5）质量指标的制定与监控是教学质量控制的重要手段之一。通过制定合理的质量指标，并对其进行监控和评价，可以及时发现教学质量的偏离或失控情况，并采取相应的调整和改进措施。例如，可以设立一个教学质量指标的合格线作为预警线，一旦发现教学质量指标超过或低于该线，就及时对出现问题的教学环节进行调整和改进。

综上所述，实现全面性的教学质量控制需要从培养方案的制订、教学质量影响因素的控制、质量反馈信息的使用、组织管理和质量指标的制定与监控五个方面进行。只有在这些方面都得到有效的管理和调控，才能确保教学质量的全面提升。

7.1.2 全程性的教学质量控制

全程性教学质量控制的必要性和重要性在于确保教学质量的稳定和提升。本小节中提到的全程性是指教学质量控制贯穿整个教育过程，从招生、教学实施到毕业，甚至就职后培训等，每个环节都是教学质量控制的着力点，任何环节出现问题都会对整体教学质量产生影响。本科生教育是一个由众多环节组成的复杂系统，包括培养目标的制定、专业设置和课程体系的规划、教学计划的制订、教学方法和手段的选择、后勤服务的提供等，每个环节都会对教学质量产生重要影响。

（1）培养目标的制定是实现教学质量控制的前提。培养目标应该明确反映社会需求和专业发展趋势，符合学生发展和就业需求。如果培养目标不明确或与实际需求脱节，将导致教学过程和教学成果与预期目标不匹配，影响教学质量。

（2）专业设置和课程体系的规划应充分考虑学科的发展趋势与学生的学习需求。合理的专业设置和课程体系可以为学生提供全面、系统的知识与技能培养，促进其跨学科能力的发展。如果专业设置不合理或课程体系设计不完善，将影响学生的学习效果和综合素质的提升。

（3）教学计划的制订是确保教学过程有序进行的关键。教学计划应根据教学大纲和教学目标，合理安排各门课程的内容和学时分配，确保教学进度和教学质量的平衡。如果教学计划制订不周或执行不力，将导致教学进度过快或过慢，影响教学效果和学生的学习质量。

（4）教学方法和手段的选择是保证教学有效性的重要环节。教师应根据学科特点和学生的学习需求选择合适的教学方法和教学手段，以提高教学效果和学生的学习积极性。如果教学方法和手段选择不当，无法激发学生的学习兴趣和动力，将影响教学质量。

（5）后勤服务的提供对教学质量控制起着重要作用。后勤服务包括图书馆、实验室、计算机设施、校园设施等各种资源和服务。良好的后勤服务能够为学生提供良好的学习环境和学习资源，提高学生的学习效果和满意度。

总之，全程性教学质量控制的必要性和重要性在于确保教学质量的全面提升。教育的每个环节都是教学质量控制的着力点，任何一个环节出现问题都可能对整个教育质量产生不利影响。因此，学校和教育机构应该重视全程性的教学质量控制，确保各个环节的有效运行和协调配合，以提高教学质量和培养学生的综合素质。这样才能够满足社会的需求，培养出优秀的人才，推动社会进步和发展。

因此，教学质量控制需要做到全程把控，从计划阶段、执行阶段、检查阶段再到处理阶段，环环相扣，最终实现高校教学质量的持续改善。计划阶段，即在广泛调研的基础上，结合培养方案，明确教学的发展战略和具体规划，保障教学有序地进行，明确学校教育组织体系架构等。执行阶段，即在学校制订的教学计划下各任课教师的教学阶段，这个阶段是整个教学质量把控的核心，耗时最长、涉及面最广，也最为重要，所有的教学质量控制目的都是保证这个阶段能更好地进行。检查阶段，即反馈阶段，包括学校督导委员会对课堂纪律的检查、学生对教师的教学信息反馈、用人单位对毕业生的信息反馈等。处理阶段，即在检查阶段后对发现的问题、得到的反馈信息结果进行分类整理、归纳总结，最后进行处理并提出解决措施，应用到下一阶段的计划中，如图 7-2 所示，形成一个持续不断的良性循环。

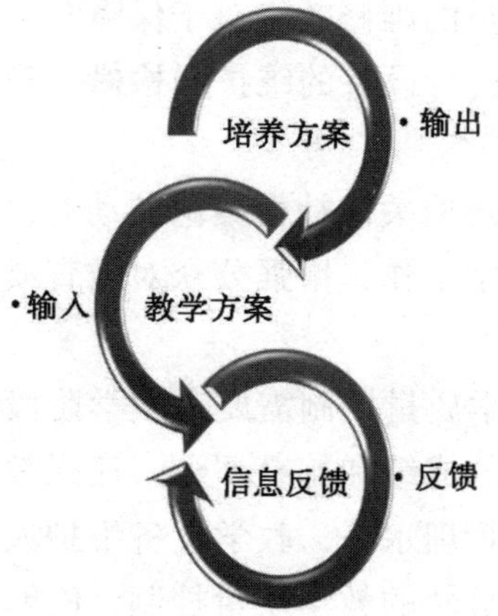

图 7-2　全程性的教学质量控制

7.1.3　全员性的教学质量控制

全员性教学质量控制的核心在于对教学阶段涉及的所有人员进行全面的质量控制，包括对学生、任课教师、组织管理人员、教学设备维护人员及社会舆论等方面进行评价和监控，以确保教学质量的稳定和提升。

（1）对学生的成绩和德育评分进行质量控制是教学过程中的重要环节。学生的学习成绩与德育评分是衡量他们学习进展和综合素质的重要指标。学校和教育机构应建立科学的评价体系，确保评分标准公正、客观，并通过定期的评价和监测，及时发现学生成绩和行为方面的问题，采取相应的教育措施和改进措施，以提高学生的学习成绩和个人素质。

（2）对任课教师的教学成果和教学质量进行评价是教学质量控制的重要内容。教师是教学的主体，他们的教学水平和教学效果直接影响学生的学习效果和学习质量。学校和教育机构应该建立健全教师评价机制，包括对教学方法、教材使用、教学效果等方面进行评价，通过教学观摩、听课评课、教学反馈等方式，帮助教师改进教学方法和提升教学质量，以促进学生的全面发展。

（3）组织管理人员的组织管理水平是全员性教学质量控制的重要方面。组织管理人员负责学校和教育机构的整体运行和管理，他们的管理能力与组织水平直接影响教学质量的稳定和提升。学校和教育机构应该对组织管理人员进行培训和评价，提高他们的管理水平和组织能力，确保教学过程的顺利进行和各项管理工作的有效实施。

(4) 教学设备维护人员的维修效率对于保障教学设备的正常运行和故障修复至关重要，需要及时进行设备的维护和检修，确保教学的连续性和顺利进行。

(5) 学校和教育机构还应关注社会舆论的动态，及时回应和处理公众的关切和质疑，积极改进教学工作，增强公众对教育质量的信心，提升整体教学水平。

综上所述，全员性教学质量控制需要对教学阶段涉及的所有人员进行全面的质量控制，包括学生的成绩和德育评分、任课教师的教学成果和教学质量、组织管理人员的组织管理水平、教学设备维护人员的维修效率及社会舆论等方面。此外，通过全员性的教学质量控制，能够实现教学质量的稳定和提升，为学生的全面发展提供坚实的保障。

7.2 基于“PDCA”循环理念的教学质量控制

贯彻深化改革和创新的办学理念是现代本科院校教育的重要方向之一。为了确保教学质量的持续改善和提升，本科院校需要将教学质量管理与“PDCA”(Plan-Do-Check-Act) 循环理念有机结合，并根据学校的实际情况进行调整和完善，形成适合自己的教育教学质量“PDCA”循环管理体系，如图7-3所示。

鉴于教学本身就是不断改进与提升的循环递进式活动，“PDCA”循环理念在教育上具有高度的适配性，“PDCA”循环理念在教学中具体细分为计划/目标制定（P）、实施与强化（D）、检查与评价（C）、改进与完善（A）四个部分，通过“PDCA”循环理念能够对教学过程进行多层次的分析，从而展开全面的管理与监控。教学实践已经证实采用“PDCA”循环理念是一种有效的教学方法，能够解决教育课程效果难以评价、教学疏漏难以查找等问题，“PDCA”循环理念不仅可以保障课程教学有序进行，还能激发学生的学习积极性，进而持续推动教学质量实现阶梯式螺旋上升，使教育的教学资源能够有效发挥作用，实现最终教学目标。利用“PDCA”循环理念进行对教育课程教学质量控制的改进工作可从以下四个环节展开具体的规划和实践。

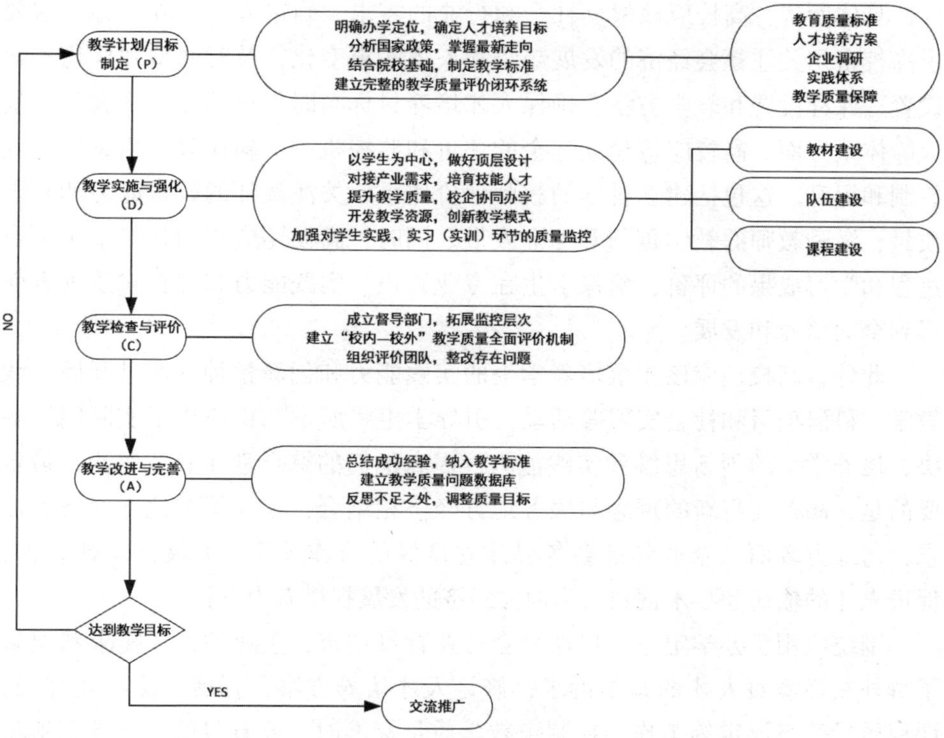

图 7-3　教育教学质量“PDCA”循环管理体系

7.2.1　教学计划/目标制定（P）

在“PDCA”循环管理体系中，计划是所有环节的根本和基础，要保证整个管理工作的落实，应立足社会需求，制订教学质量提升实施计划。

7.2.1.1　明确办学定位，确定人才培养目标

我们应该清醒地认识到，在高校的人才建设方面存在一些观念和做法，它们不符合高等教育发展规律和高等教育发展形势。这些观念和做法包括“官本位”观念、“重引进、轻培养”和“重使用、轻培养”的倾向、片面追求人才个体效应、“重资历、轻业绩”及人才恶性竞争的倾向等。这些问题给高校人才建设带来了深刻的负面影响，使得人才强校战略面临挑战。为了解决这些问题，我们必须更新观念，树立科学的人才观。我们需要结合社会和行业的发展要求，立足于地方经济的发展，明确高校的办学定位。这意味着高校需要根据自身的优势和特点，制定清晰的人才培养目标，并根据这些目标来完善内部的教学质量保障体系。

具体而言，高校应该根据社会和行业的需求，确定人才培养目标。这要求高校密切关注社会经济的发展趋势和人才需求变化，及时调整和优化专业设置、课程设置和教学方法，确保人才培养目标与时俱进。在内部教学质量保障体系方面，高校应该建立健全的评价和监控机制，确保教学质量的有效控制和提升。这包括建立科学的教师评价体系，关注教师的教学能力和教学质量，激励教师的教学创新和专业发展。同时，高校还应该加强对学生学习过程和学习成果的评价，确保学生在专业知识、实践能力和综合素质等方面得到全面培养和发展。

此外，高校还应该注重培养学生的实践能力和创新精神。通过开展实践教学、科研项目和社会实习等活动，引导学生将所学知识应用于实际问题解决，培养学生的创新思维和实践能力，提高他们的综合素质和竞争力。最重要的是，高校要将新的理念与服务地方经济相结合，主动了解地方经济的需求，与地方政府、企业和社会各界建立良好的合作关系，开展产学研合作，促进人才的输送和技术创新，为地方经济的发展提供有力支持。

围绕应用型办学定位，根据社会行业背景调查、企业的人才需求状况来了解外在环境对人才的基本诉求，修订人才培养方案，开展一流专业建设、课程质量等级评定等工作；在制定教学质量标准时，要有目的、有计划地将行业、企业渴求的人才所应具备的知识、能力的培养纳入本科生教育的教学过程中。

7.2.1.2 分析国家政策，掌握最新走向

为了加速本科生教育的发展并推动国民经济的进一步发展，国家出台了一系列利好政策。这些政策旨在促进产业与教育的融合，推动校企合作，以满足社会对职业教育人才的需求。作为本科院校，应当清晰地认识到国家层面对职业教育人才培养的要求，并积极响应和贯彻国家出台的产教融合、校企合作相关政策，将其落实到具体的教学工作中。

首先，需要认真研读和理解国家政策文件，深入了解政策的背景、宗旨和具体要求。这包括对产教融合和校企合作政策文件的逐条解读，确保对政策内容有准确的理解。

其次，教学标准的构建是关键的一环。需要根据国家层面的要求，制定和完善教学标准，确保其涵盖专业建设、课程设置、课堂教学、顶岗实习等方面的内容。这些标准应当体现产教融合的理念，注重培养学生的实践能力和创新精神，紧密结合行业需求和社会发展的最新动向。

最后，在专业建设方面，应该根据行业的发展趋势和需求及时进行调整和优化。这涉及开设新的专业，调整现有专业的课程设置和内容，以确保其与产业发展的紧密对接。课程设置是培养高质量人才的关键环节，应当根据国家政策文件的要求合理规划和设计课程体系。其中包括结合行业需求，开设具有前瞻性和创新性的课程，注重学科交叉和综合能力的培养，培养学生的实践操作能力和问题解决能力。课堂教学是教育教学的核心环节，应当根据国家政策的要求，创新教学方法和手段，提升教师的教学水平和能力。注重引导学生主动参与和实践，采用案例教学、项目教学和团队合作等方式，培养学生的创新思维和实践能力。

总之，为了加速本科生教育的发展，推动国民经济的进一步发展，我们需要明确国家层面对职业教育人才培养的要求，并将其落实到具体的教学工作中。这涉及构建教学标准，包括专业建设、课程设置、课堂教学和顶岗实习等方面。我们应积极响应国家出台的产教融合和校企合作相关政策，确保教育教学与社会需求的紧密对接，为培养符合时代要求的高素质人才作出积极贡献。

7.2.1.3 结合院校基础，制定教学标准

各院校在支持国家层面的职业教育教学标准的前提下，可以根据自身的区域情况、办学条件，采取灵活的办学策略，制定具有地域特色的院校教学标准。这样做有助于满足地方经济发展和行业需求的特殊要求，培养适应本地区就业市场的高素质人才。然而，在制定教学标准时，院校仍需注重一些关键因素。

首先，院校教学标准的制定应在保障基本教学规范的前提下追求特色和创新。这意味着教学标准应当与国家层面的基本教学要求相一致，确保教学质量的基本水平，同时充分发挥院校的特色和优势，为学生提供与地方需求相契合的教学内容和培养方案。

其次，制定教学标准需要广泛征求专业审核人员的意见和建议。这些专业审核人员可以包括专业带头人、行业专家、企业负责人等，他们具有丰富的实践经验和专业知识，能够就教学标准的合理性和可实施性提供宝贵的意见和建议。通过他们的验收考核，可以保证教学标准具有可行性和有效性。在制定具有地域特色的教学标准时，还应考虑国家层面的相关政策和监管要求。虽然院校可以根据地方情况进行调整，但仍需确保教学标准与国家层面的政策要求保持一致，不违背国家职业教育的总体方向和目标。

最后，制定教学标准后，院校应严格执行和监控标准的实施情况。定期进行评价和检查，及时发现问题并进行完善。同时，还应与其他院校进行经验交流和学习，借鉴其他地区的成功经验，不断提高教学质量和适应性。

综上所述，各院校在制定具有地域特色的教学标准时，应在支持国家层面的教学标准的前提下，追求特色和创新。这需要在保障基本教学规范的基础上，结合地方经济特点和行业需求，征求专业审核人员的意见和建议，并与国家相关政策保持一致。制定教学标准后，还应严格执行和监控，不断完善和提高教学质量，以培养适应地方就业市场和经济发展需要的优秀人才。

7.2.1.4 建立完整的教学质量评价闭环系统

（1）形成空间闭环。形成以学校（领导机构）、职能部门（本科教学质量监控办公室、教务处、督导团等）、二级院部（院部领导、教研室）、学生、社会用人单位构成的五级教学质量监控体系，形成全员参与教学质量监控的良性循环，提高教学质量。

（2）形成流程闭环，形成教学质量的“实施—监控—评价—反馈—跟踪—改进—再实施”的流程闭环体系。立足办学定位，结合人才培养目标，制定科学合理的教学质量控制制度，通过学校、职能部门、学院、教研室四级监控制度对教师的教学质量进行控制，建立以社会、学生为主的评价机制，适时收集评价信息，及时反馈，明确责任，跟踪管理，根据具体问题制定有针对性的改进措施，再进入下一个循环，最终形成持续改进的质量控制体系。

7.2.2 教学实施与强化（D）

在“PDCA”循环管理体系中，教学实施与强化是将计划落实到实践层面的过程，即要根据上一环节的内容进行操作。

7.2.2.1 以学生为中心，做好顶层设计

（1）完善质量控制制度。修订教学管理办法、《中国民航大学教学事故认定与处理方法》、听课管理办法、教师考核管理办法等；制定实验（实训室）管理办法、明确课堂教学礼仪、规范融入师德师风内容等。

（2）加强组织保障。结合深化学分制改革要求，学校层面成立本科教学质量监控办公室，成立课程中心（如课程质量等级评定、课程准入等）、教师中心（教师准入制度、教师发展等）、学生中心（以学生为中心、学生服务一站式办理等）。

7.2.2.2 对接产业需求，培育技能人才

标准制定的意义在于执行，这一观点强调了标准的实施和执行对于学校人才培养工作的重要性。在本科生教育中，学校需要贯彻执行职业教育教学质量标准所规定的各项工作，以确保培养符合社会需求的高素质人才。本科生教育的人才培养方向必须与产业需求紧密结合。这意味着学校应该将教育与产业之间的关系转变为以教育促进产业发展的模式。学校应该深入了解地方产业经济的发展趋势和需求，将本科生教育的教学工作与地方经济发展相结合，为地方经济发展提供人才支持和智力支持。

在这种理念下，本科生教育的教学工作应该以地方产业经济发展的需求为导向。学校需要注重培养学生的高水平技术和技能，使他们具备适应当地产业的要求和应对挑战的能力。这意味着学校和教育机构需要与当地产业密切合作，了解并满足产业对人才的需求，为学生提供与产业需求相匹配的教学内容和实践机会。此外，本科生教育还需要实现与当代先进技术和新兴产业的深度融合。随着科技的不断进步和新兴产业的崛起，学校应该及时调整教学内容，引入最新的技术和知识，培养学生具备与时俱进的能力。这需要学校与相关行业、企业和研究机构建立合作关系，共同推动教育与产业的深度融合，使学生在毕业时具备适应未来发展的能力和素质。

总之，本科生教育的教学工作必须以标准制定为基础，并始终将执行作为核心。学校应该紧密结合地方经济发展的需求，注重培养学生的高水平技术和技能，并与当代先进技术、新兴产业实现深度融合。通过这样的努力，学校可以更好地满足社会需求，培养具备竞争力和创新能力的毕业生，为地方经济的持续发展作出积极贡献。

7.2.2.3 提升教学质量，校企协同办学

教师作为教学质量标准的主要执行者和推动者，对于提升教学质量至关重要。为了达到特定的教学质量目标，本科院校需要加强对“双师型”教师的培养工作，即培养既具备学科专业知识又具备实践经验的教师。

首先，学校应该重视教师的职业技能培训工作。通过提供专业的培训课程和机会，学校可以帮助教师不断提升自身的职业资格和技能水平。这包括提供教学方法的培训、教育技术的应用培训，以及教学评价和反馈的培训等。通过这些培训，教师可以不断更新自己的教学理念和方法，提高教学效果和质量。

其次，学校还应该加强教师下企业的学习锻炼，以储备必要的企业实践

经验。通过与企业建立密切的合作关系，教师可以参与实践项目、企业实习或工作，深入了解行业的最新动态和需求。这将帮助教师更好地理解产业发展的要求，将实践经验融入教学中，提供更贴近实际的教学内容和案例。

最后，学校还可以充分利用校企合作的优势，邀请企业骨干到本科院校任职授课，实现校企合作育人。企业骨干可以分享自己的实践经验和行业知识，为学生提供与实际工作相关的教学内容和案例。他们可以帮助学生了解职业发展的路径和要求，培养学生的实践能力和职业素养。同时，校企合作也能够为学生提供实习和就业机会，增强他们的就业竞争力。

综上所述，为了加强教师的培养工作，学校需要在多个方面进行努力。首先，通过职业技能培训提升教师的专业水平和教学能力。其次，加强教师下企业的学习锻炼，使其具备实践经验。最后，利用校企合作的优势，邀请企业骨干参与教学工作，实现校企合作育人的目标。通过这些措施，学校可以培养出更具实践能力和专业素养的教师队伍，为提高教学质量作出积极贡献。

7.2.2.4 开发教学资源，创新教学模式

教学资源对于提升本科院校的教学质量具有重要的支撑作用。由于社会生产工作过程的不断调整和更新，教学资源建设的内容必须与国家（地方）的产业动态变化保持紧密联系。因此，本科院校需要及时对课程资源进行更新，以适应不断变化的社会需求。

首先，本科院校应该进行课程资源的更新。随着产业结构和技术的发展，相关知识和技能也在不断更新。学校需要密切关注国家（地方）的产业动态，与相关行业和企业进行合作，了解其需求和行业最新发展趋势。基于这些信息，学校可以对课程内容进行调整，确保教学资源与产业需求紧密匹配。其中包括更新教材、引入最新的案例和实例，以及提供与产业相关的实践机会，使学生能够获得最新的知识和技能。

其次，随着时代的发展，信息技术在教学中的应用越来越重要。教师应充分利用多媒体和网络技术的便利，创新教学方式和手段。通过利用数字化教学资源、在线学习平台和虚拟实验室等工具，教师可以提供更丰富的教学内容和互动体验，激发学生的学习积极性。同时，结合职业教育的实践特性，教师可以设计实践项目和案例，让学生通过实际操作和实践经验来掌握知识和技能。这样的创新教学方法可以更好地培养学生的实际能力和解决问题的能力，使其更好地适应职业发展的要求。

总之，教学资源的开发对于提升本科院校的教学质量至关重要。学校应紧密关注产业动态，及时进行课程资源的更新，以保持与时俱进。同时，教师应善于利用信息技术工具，创新教学方式和手段，激发学生的学习兴趣和积极性。通过这些努力，本科院校可以更好地满足教学质量标准的要求，培养出适应社会需求的高素质人才。

7.2.2.5 加强对学生实践、实习（实训）环节的质量监控

本科院校基于应用型的办学定位，注重实践教学课程的开设。为了进一步提升实践教学的质量，学校应在原有的内部教学评级体系中增加对实践教学课程的监管以及对学生参加实习的监管。

一是针对实践教学课程，学校可以修订学生网上评价指标，以更好地评价实践教学的效果。这意味着当学生在网上对实践课程进行评价时，评价指标应该更加细化和具体化，以准确衡量学生在实践过程中所获得的知识和技能。评价指标可以包括实践任务完成情况、实际操作能力、问题解决能力等方面的评价要素，从而全面评价学生的实践能力和成果。

二是学校可以拓宽教学信息员的反馈面，使其不仅关注在校生的教学情况，还关注学生的实习情况。教学信息员可以与学生进行定期沟通和交流，了解他们在实习过程中的实际情况和遇到的问题。这样，学校可以及时获取学生的反馈信息，包括实习单位的工作环境、实习任务的完成情况、实习导师的指导情况等，从而更好地了解学生的实际情况，为实践教学的改进和优化提供依据。

综上所述，为了加强实践教学的监管和评价，本科院校应在内部教学评价体系中增加对实践教学课程的监管，并修订学生网上评价指标，细化实践课程的分类评价标准。同时，学校应拓宽教学信息员的反馈面，关注学生的实习情况，并加强对学生参加实习的监管。这些措施将有助于提升实践教学的质量，确保学生在实践过程中获得有效的培养和锻炼。

7.2.3 教学检查与评价（C）

在“PDCA”循环管理体系中，教学计划在执行之后要进行教学检查与评价，以便判断其是否达到预期的效果，并在此过程中实现质量改善和可持续发展。

7.2.3.1 成立督导部门，拓展监控层次

研究教学质量监控的逻辑起点是“监控”和“教学质量”之间的深度关

联，两者之间是以人为中介的。因此，教学过程需要特定的部门、人员进行监控。在本科院校中成立教学督导小组的目的就在于对教学质量实施有效的监控，但事实上很多院校的教学督导形同虚设，没有发挥自身的作用，并且监控的权力和范围具有一定的局限性。此外，教学的主体是教师和学生，但教学质量的高低和人才培养目标达成度是由多种因素决定的，包括教学资源、教学环境、校园文化等。因此，不仅要明确督导小组在教学过程中的监控职责，还要关注教育本身的特色所在，对于教学过程的监控，在兼顾教学的内容、环节、方法、效果等的同时，也要考虑教学的内容是否契合产教融合、校企合作背景下的育人要求，从而拓展督导小组的监控层次，提升教学质量监控的全面性，以改善职业院校整体的教学质量。

7.2.3.2 建立“校内—校外”教学质量全面评价机制

完善教学质量评价制度，做到评价范围全覆盖。校内通过“四级全覆盖”评价机制，评价学生的专业知识学习情况、专业技能掌握情况；校外通过第三方机构、社会用人单位评价学生的就业能力和综合能力。

校内建立“课前—课中—课后”流程全覆盖评价机制，加强“学校、部门、学院、学生”人员全覆盖评价，推行“线上—线下—混合”渠道全覆盖评价体系，完善“理论—实训—实验”课程全覆盖评价体系。

校外通过走访企业、政府相关部门，借鉴它们给学校的专业人才培养方案提出的建议，修订学校应用型人才培养方案，并通过后期用人单位的反馈，检验人才培养质量。同时，利用好教育部高校数据监控平台数据，对学校近几年的数据在全国范围内进行横向和纵向对比分析；结合第三方专业评价机构评价学校的专业水平，在全市范围内对学校数据进行横向和纵向对比分析；通过权威机构对毕业生就业质量的调查，进行横向和纵向对比分析。结合校外专业机构评价数据分析，对建立健全高校内部教学质量评价体系是有推动作用的。

7.2.3.3 组织评价团队，整改存在问题

教学的评价与督导是相辅相成的，它们是对教学质量是否达标进行判断和评价的重要手段。本科院校的质量控制具有开放性和多元性的特点，需要广泛考虑办学服务的对象和利益相关者的参与及评价。

一是由于本科院校涉及多个层面的办学主体，如院校、企业等，因此，在评价教学质量时应进行多主体的评价。这意味着不仅要充分听取本校专业带头人、经验丰富的一线教师和学生的意见，还应邀请行业、企业和用人单

位的骨干代表参与教学质量的评价。这些利益相关者具有丰富的实践经验和行业背景，能够从实际应用的角度评价教学的有效性和适应性，可以帮助学校及时调整和改进教学质量评价标准，确保评价的准确性和公正性。

二是评价教学质量还应充分考虑学生的参与。学生是教学的直接受益者，他们的反馈和评价对改善教学质量具有重要意义。学校可以通过开展学生满意度调查、课程评价和学生评教等方式，收集学生对教学的看法和建议。学生的参与将促使学校更加关注教学效果和学生体验，提高教学的质量和效果。

7.2.4 教学改进与完善（A）

在“PDCA”循环管理体系中，教学改进与完善是循环过程的反馈，是实现“PDCA”循环管理体系循环过程螺旋上升的最后阶段。要在此阶段中总结成功经验，以更好地链接下一个活动循环。

7.2.4.1 总结成功经验，纳入教学标准

在教学质量标准执行、监控、评价之后，对所实施的教学质量标准是否达到预期的效果进行验证，学校可以定期收集、整理、分析教学信息，将教学质量管理信息及时反馈给相关人员，全面了解学校的教学水平。本科院校校内的执行部门要积极给予反馈并对反馈信息进行分析和处理，形成校内多方位的作用机制，总结教学质量标准在执行过程中获得的成功经验，并加以肯定和发扬。总而言之，通过对反馈信息进行整理、筛分，将提升教学质量的信息、要点纳入质量改善的标准方案中，以制定更为合理、客观的教学质量标准。

7.2.4.2 建立教学质量问题数据库

通过“四级全覆盖”评价机制，教学中的问题得到迅速收集和记录。这些信息能够及时整理并转化为有价值的教学质量数据。这些数据不仅是为了归档，更是为了定期审视和总结。建立问题数据库是其中一个重要步骤，它承载着教学过程中发现的各种问题和挑战。专设机构的任务就是对这些数据进行深度分析，揭示其中的规律和趋势。这些分析结果的报送涉及多方面，包括教务处、督导团、二级学院，甚至直接报送给相关教师本人。这种分级报送机制是为了确保问题能够被适当适时地处理和解决。一旦问题被确认，责任单位需要按照情况出具整改意见书，这是推动问题解决的重要一环。整个流程强调了问题的追踪和解决，以确保教学质量的持续改善。

7.2.4.3 反思不足之处，调整质量目标

在教学质量标准实施之后，为了不断提升教育水平，我们需要深入反思并有效解决发现的问题。

首先，我们要对成功经验进行总结，但更为重要的是对存在的问题进行深入分析，并制订有针对性的解决方案，以避免在下一个循环中重复相同的困扰。这阶段的关键在于对失败经验的深刻理解，使其成为宝贵的教训。

其次，我们需深入挖掘出现问题的根本原因，进行深层次的思考和分析。这包括考虑问题的多个层面，如教学方法、师资水平、课程设计等。同时，需要预判在对这些层面进行改进后，是否能够有效解决问题，从而为下一个循环做好充分的准备。这一步骤有助于确保问题的根本性解决，而非仅是表面上的应对。

最后，基于以上分析，我们需要对质量目标进行调整。这不仅包括修订教学质量标准，还涉及制定新的教学目标和采取切实可行的质量保证措施。通过“PDCA”循环理念，我们构建了一个阶梯式前进、螺旋式上升的体系。这意味着我们在每一轮循环中都在不断提高教学质量，使其逐步逼近或达到更高的标准。这样的体系使我们能够灵活应对教育领域的不断变化，实现持续改进和创新。

7.3 教学信息反馈在教学质量控制中的应用

如果说教学质量控制是一辆在赛道上的赛车，那么教学信息反馈则是这辆赛车驾驶途中仪表盘上的各项数据，赛车手只有及时进行对赛车的维护、维修等操作才能让赛车继续在赛道上飞驰。同样地，教学信息反馈是教学质量控制系统中一个重要的组成部分。一个完整体系的运行，只有通过信息反馈才能实现控制。要实现教学质量控制，就必须建立一个教学质量信息网络，建立多条反馈渠道，支持多方反馈评价体系，及时发现问题，研究决策，采取预防措施，加以调控才能防患于未然，稳定地提高教学质量。例如，通过毕业生信息反馈，了解学校的人才培养与社会用人需求有何差距，再对培养方案进行调整，教师通过学生的教学信息反馈调整教学方式、教学环节，学校通过生源信息反馈调整招生政策等。

7.3.1 过程性的教学考核改革

随着本科生教育课程体系改革的深化，课程考核形式和效果正在经历显著的变化，以更好地符合实践教学的成果检验。一体化课程，特别是经过课改的课程，其考核方式根据课改的要求和课程的性质已经发生了重要变化。过去的期末统一考试逐渐为多形式的过程性综合考核所取代，这一变化旨在更全面地评价学生的学习能力和实际应用能力，而非仅测试他们对知识点的死记硬背程度。

新的考核方式更加注重学生对知识的掌握程度和应用熟练度，强调实际能力的培养与评价。这种趋势使教育者和学生都需要更加注重实际操作与解决问题的能力，而非简单地追求记忆和应试技巧。在这个过程中，教师的教学水平成为至关重要的一环，因为他们需要设计并实施更具挑战性和启发性的教学方法，以引导学生在实践中获得深刻的理解和熟练的技能。

对于教师而言，他们需要不断更新教学理念和方法，适应新的考核形式，并在实践中不断优化教学方案。教育的目标从简单的知识传授转变为培养学生的创新能力、团队协作能力和问题解决能力。因此，学生的学习成果不仅是对教学水平的检验，同时也是教育体系变革成效的体现。通过这种更贴近实际需求的考核方式，才能培养出更具综合素养的人才，使其更好地适应当今社会和职业的发展需求。这一教育改革不仅对学生个体发展有益，也为社会培养更具创新能力和实践能力的人才作出了积极贡献。

7.3.2 多元化教学评价体系的建立

本科院校在建立教学质量监控系统时已经不仅限于学生对教学水平、教师职业能力的评价，同时还借助院系督导委员会、专家委员会和教学管理部门的多元化综合评价体系。

就教学质量而言，学生的评价是否可信、客观，来自学生评价的反馈控制是否能够起到控制作用，这是长期以来存在争议的问题。有些敬业精神强、严格公正的教师对学生要求严格，往往不被学生接受，甚至遭到学生厌恶和诋毁；学生的某些不客观评价有时会误导教师降低对学生的要求，迎合、迁就学生，从而对教学质量产生负面影响。虽然实践证明，这种情况是存在的，但是学生对教师的教学态度、教学水平、教学效果、师风师德等都是直接的受用者和体验者，因此，来自学生评价的反馈还应作为教学质量反馈评价体系的主体。

教学管理部门不仅在现场控制阶段承担主要任务，在反馈控制阶段也发挥着重要作用，是教学质量控制的直接责任者。在教学过程中，学校每学期要定期召开教学工作会议，布置和检查教学工作。教学管理者要深入课堂了解教与学的情况，了解各门课程和各个教学环节的教学效果。教研室要组织教师互相听课、互相学习，并开展检查性听课、诊断性听课，召开学生座谈会，广泛了解教学质量情况，掌握第一手材料，然后对得到的各种反馈信息进行综合分析。

7.3.3 重视毕业生质量的跟踪调查

毕业生质量跟踪调查是本科院校教育教学质量反馈的重要环节之一。对教学质量的评价，最终取决于毕业生是否能够适应市场需求。衡量毕业生质量的有效途径是就业率、就业质量和就业适应性等方面的评价。这些因素直接反映了毕业生在职场上的表现，是对教育教学效果最切实际、最直接的评价。

为了更全面地了解毕业生质量，本科院校必须建立一个涵盖生源、教学过程、教学管理和毕业生的全面质量监控体系。这个体系使学校能够通过审视最终“产品”——毕业生的整体质量来反思和评价教学质量。在这一体系中，生源质量反映了学生的入学水平和潜质；教学过程质量关注课堂教学、课程设置和学科建设等方面；教学管理质量包括对师资力量和教学资源的有效配置和管理；毕业生质量是最终的评价指标，通过综合考量就业率、就业质量和就业适应性等因素来全面了解毕业生的综合素质。这些方面的评价能够提供最具权威性的数据，为学校制订未来的教学改进计划提供有力支持。

为了确保准确性，评价应该综合近期评价和长期评价，定期进行毕业生就业情况的调查。这有助于了解用人单位对人才培养的实际需求，以及毕业生在职场中的表现和适应情况。这种定期的调查不仅为学校提供了客观的反馈信息和数据，也为教学质量分析提供了极为宝贵的信息源。通过持续地关注毕业生的职业发展，学校能够及时调整教学方案，不断提高培养学生的竞争力，从而更好地满足社会和市场的需求。

在以往的本科院校教学质量控制过程中，教学质量控制的执行系统较强，而检查反馈系统相对较弱，没有建立起灵敏、准确、迅速、畅通的反馈系统和手段，这对进一步提高教学质量是不利的。没有反馈就无法控制，而反馈成为教学质量控制中的一个很重要的方法，对于反馈的信息，一定要做到及时发现、总结、及时解决，才能使教学质量控制的改革稳步上升。

7.4 完善本科应用型人才培养机制

高等普通院校在适应地方经济社会发展对本科应用型人才需要的过程中，要不断完善本科应用型人才培养机制。在面向地方的同时还要面向世界，根据行业发展和社会需求的不断变化，及时调整策略，增强学校的自适应力，加强国际交流，及时掌握国际动态。

（1）完善紧密联系社会机制。以社会需求为导向，加强实习实训基地建设，加强与行业企业在兼职教师聘任、实习实训基地建设和吸纳学生就业等方面的合作，完善学校与行业、企业密切合作的体制机制，开放办学。加强专业教师与合作企业的交流与合作，及时了解社会岗位的需求状况，充分发挥大学科研、教育和服务的三大职能作用，积极探索产学研相结合的新路子，通过服务社会与自身创新赢得社会的认可，同时也通过产学研的锻炼，加快生产力的转化。

（2）深化教育教学改革。面向行业、面向应用、面向实际，更新人才培养观念、创新人才培养模式、改革人才评价制度，强化实践教学、推进创新创业教育，重点培养学生的综合素质、创新精神和实践能力，以能力培养的系统化取代知识培养的系统性。要更加注重培养学生的科学思维和创新意识，充分挖掘学生的自主学习潜力，在通识教育与专业教育相结合的同时要坚持因材施教、因需施教。同时还要建立健全校、院（部）两级教学管理评价体系，明确各岗位责任，加强教学环节的规范化管理，完善各种奖励制度，建立一套奖惩合理的激励机制。

（3）建设“双师型”队伍。引进紧缺人才，提升教师队伍的“双师素质”，提高“双师型”专职教师的比例，优化“双师结构”，建设高水平双师型教师队伍。双师型的教师队伍是本科院校人才培养的保障，建设一支由专业教师和企业技术人员组成的师资队伍，有助于学生把学到的知识迅速转变为实际操作能力，有利于理论联系实际，并且由于在企业工作的兼职教师可以直接了解专业应用的最新成果，不仅可以接触最新的技术应用，而且可以让学生感到真正的学以致用。

（4）加强特色专业建设。特色专业建设需要根据地区的经济和社会发展需求进行调整和优化。这不仅是为了迎合当前，也是为了预测未来，为各行各业培养符合市场需求的专业人才。通过精准的专业设置，可以更好地适应新兴产业的发展，为国家的经济增长和社会进步提供坚实的支撑。重点建设特色专业并用相关专业进行支撑，有助于构建具有竞争优势的专业群体。这样的举措不仅能提高高等教育的整体水平，也能培养具备行业领先技能和创新思维的专业人才。这些人才不仅能够适应当前市场需求，还能够在全球范围内保持竞争力。将特色专业建设作为教育教学改革和培养实用型人才的切入点，是推动教育体制变革的重要手段。这不仅是为了培养学生的学术素养，更是为了培养他们解决实际问题的能力。这样的教育方式有助于提升学生的创新能力和实践技能，使其更好地适应未来的职业发展和社会需求。

根据地区经济社会发展需要和行业需求，调整专业、优化结构，以重点建设特色专业为龙头、相关专业为支撑，构建有特色和竞争优势的专业群，使每个专业都有主体服务方向和立足点。特色专业建设是新时期我国建设创新型国家和人力资源强国的历史性需求，同时也是满足活力行业发展和人民日益增长的物质文化需要的要求。以特色专业建设作为教育教学改革和培养实用型人才的切入点，把科学发展与高等教育结合起来，是一项很有意义的任务。

（5）开展国际交流与合作。借鉴国际一流应用型大学教育理念和管理经验，通过引进优质教育资源，开展学生互换、教师国外访学、联合办学等多形式、多层次、宽领域的教育交流与合作，提高本科教育国际化水平。高等教育国际化是经济全球化的必然结果，在这个过程中要加强宣传，不仅在学校层面，在学生里也要产生影响，使其把国际交流规划在自己的学习生活中。此外，在加强硕士和博士国际交流的基础上，要增加本科生的国际交流机会，开设专门课程和聘请专业教师，为国际交流打下坚实的基础。

（6）优化人才教育体系。建立健全系统化的教学体系，不断巩固理论教学体系的基础，积极完善实践教学体系和素质拓展体系。理论教学体系的巩固要以一般基础课为基础，夯实学生的专业基础，同时要以专业基础课和专业选修课为“两翼”，不断提高学生的业务能力和学习能力。实践教学体系是培养实用型人才的重要环节，学校在加强实践教学的同时也要提供必备的实践条件，全面提高学生解决实际问题的能力。素质拓展体系是社会化高度发展的需要，加强学生的素质拓展训练有利于使其更好地适应社会及提高自身的生活品质。

7.5 创新本科应用型人才培养模式

高等普通院校在提高本科生教育质量过程中，要不断创新本科应用型人才培养模式。

（1）完善应用型人才培养方案。学校立足地方、面向需求，以创新精神与实践能力培养为核心，以课内外实践和科技创新活动为重要载体，将理论教学与实践教学密切结合，构建培养应用型人才的本科教育课程体系。根据社会需求和个人发展的要求，构建创新型本科教育课程体系，以通识教育和专业教育为平台，建设专业方向课程模块、创新教育模块和个性化拓展课程模块，在保证基础教育的同时，充分尊重学生的学习意愿。实践教学环节作为理论教学环节的补充和实际运用，是贯穿教学计划和工作运用的主线，树立以创新为核心的教学理念，建立完整的实践教学体系，是培养应用型人才的有效保证，对培养学生的实际操作能力、提高学生的综合素质是十分有益的。

（2）培养应用型人才实践能力。整合实践教学资源，优化实践教学内容，改善实践教学条件，提高实践教学质量，将各类实验、实习、见习、技能训练等实践性教学整合优化，培养学生的专业技能、应用能力，搭建培养应用型人才的实践教学平台。应用型人才的培养要与社会需求相联系，要与实际工作技能相关联，要将工作岗位作为培养学生的向导。以实际运用过程为切入点进行理论教育，构建一个完整的学习过程。加强校企沟通与协作，让学生在真正的工作环境中学习，使理论有效联系实际。同时对实践课程的安排要坚持分散与集中并行的原则，分散即把实践课程分散在每个理论学习的课程中，一方面可以让理论直接联系实际，另一方面也可以加强学生对新学的理论知识的理解；集中就是专业技能训练、综合训练以及毕业实习等要集中进行，使学生能够更好地了解实际工作，为以后走向社会奠定基础。

（3）创新应用型人才教学方法。对教学方法进行改革与创新，采用启发式、探究式、讨论式、案例式等方法组织教学，将实际项目或研究课题引入课堂，丰富拓展教学内容，增强教学的针对性和实效性，引导学生自主学习，形成学生为主体、教师来主导的教学模式，开展社会调查、志愿者服务等社会实践活动，培养学生的创新精神和实践能力。以课堂为主的灌输式教育是长久以来困扰实用型人才培养的难题，再加上实际操作训练条件的匮乏，使本科教育的知识大多停留在书本上。对于学生来说课本上的知识是抽象的，如果不加以实际操作训练，学生自身很难将理论联系实际。因此，本科生教育要大胆尝试新的教学方法，如通过探究式教学、案例式教学及实地观摩教学等新形式，把理论和实际联系起来，构建一套科学的教学方法体系。教师还要把科研与教学结合起来，通过科研开发、挖掘新的教学方式和方法，并结合科研实际，改变单纯讲授理论的上课形式，用启发式教学引导学生的思维，激发学生的学习兴趣，提高课堂的教学效果。结合实践案例，在讲授的同时，加以演示和操作，可以用直观的感受加深学生对书本抽象知识的理解。以新的应用型人才教学方式进行教育，是培养学生创新型思维能力的有效手段，有利于学生创新能力和科研能力的培养。

8 结论与展望

8.1 结论

笔者通过对中国民航大学通信工程专业本科生教育质量保障体系的构建与运行机制的研究，发现其在运行中存在不足，针对不足开展原因分析，并进一步提出相关建议。笔者得出的主要结论如下：

（1）通过对中、英、美三国高校本科生教育质量保障体系的分析，对我国高校本科生教育质量保障体系的建设得到一些启示，即我国教育质量保障体系的建设需要注重“内生型”的质量观、建立高等教育评价中介机构、推进高等教育评价多样化、完备课程管理模式、健全校内学生反馈机制、聘请校外专家参与体系的监控。

（2）在整体性、科学性、合理性、主要因素、相对独立性、层次性、可操作性、可移植性等基本原则的指引下，中国民航大学通信工程专业本科生教育质量保障体系由四个子系统构成：①“学生”子系统，学生的质量是教学效果的直接体现。学生评价因素包括学习成绩、学习状态、学习态度、学习满意度、实践能力五项指标。②“教师”子系统，教师作为教学教育的主要承担者，在教学质量反馈评价体系中占据主导位置。在对教学质量的研究中，师资队伍是主要研究对象，教师队伍对教学质量具有重要作用。教师一方面要具备更强的教学能力和创新精神，另一方面要将更多的精力投入科研活动，同时必须把课堂掌控在自己的管理之中，且要解决课堂中的不确定因素，教师的评价因素包括任课成绩、教学氛围、教学态度、教学方式四项指标。③“用人单位”子系统，用人单位对毕业生的评价在一定程度上反映了人才培养的最终质量，并对高校教学质量的提升起到促进作用。用人单位的评价要点包括工作态度、学习能力、专业结合能力、工作效率四项指标。

④“学校”子系统，学校的评价要点包括培养方案、教学督导、规章制度、应急处置、反馈平台建设、教学环境六项指标。

(3) 综合分析各个子系统，笔者发现在教学质量反馈评价体系的准则层中，“学生”和“用人单位”所占的比重最大，这表明在教学质量反馈中，学生和用人单位是最重要的参与方，也是核心群体。提醒教育机构应当重视学生和用人单位的需求，并加强与用人单位的合作，以提高教学质量和培养符合社会需求的毕业生。同时，教师和学校也应持续关注和改善教学质量，以满足各方的期望和要求。

(4) 在指标层中，根据权重分析，可以得出“学习成绩”和“学习能力”所占的比重最大，排在第三位的是“任课成绩”。教育机构和教师应关注这些指标，通过有效的教学方法和评价手段，提高学生成绩、培养学生的学习能力，并持续改善教学质量，以确保学生的全面发展和得到用人单位的认可。

(5) 中国民航大学通信工程专业本科生教育质量保障体系存在的问题分为两个层面：运行机制尚需完善与运行机制效率有待提高。运行机制尚需完善又分为两个方面，一是质量反馈机制中并未体现质量反馈体系中针对学校外部——学生家长、用人单位、招聘人才市场、政府管理部门的反馈信息内容；二是质量改进机制并未体现评价与诊断系统中外部机构协助评价与诊断。运行机制效率有待提高主要体现在四个方面，分别为教育质量监控运行效率较低、教育管理信息程度不高、教育信息反馈成效低、教育课程培养体系不完善。教育质量监控运行效率较低是因为工作任务繁重，人员较少；教育管理信息程度不高是因为各部门意见不统一阻碍综合教务系统的集成化发展，管理人员专业性不强使系统内部开发能力弱、实验教育硬件与软件更新速度不高；教育信息反馈成效低是因为督导信息反馈具有不全面性、学生评教信息具有不客观性、毕业生信息的反馈具有难追踪性；教育课程培养体系不完善是因为开设的专业课程比重过大、主干专业课程被分解、部分专业课程不能支持学科发展。

通过分析中国民航大学通信工程专业本科生教育质量保障体系构建和运行机制存在的问题与原因，笔者给出的相应对策为：

(1) 通过基于“三全”理念的教学质量控制与时代潮流的发展相契合，强调全面性、全程性和全员性的教学质量控制。为了实现全面性的教学质量控制需要从培养方案的制订、教学质量影响因素的控制、质量反馈信息的使用、组织管理及质量指标的制定与监控五个方面进行，进而提高教育的质量和培养学生的综合素质。这样才能满足社会的需求，实现教学质量的稳定和提升，为学生的全面发展提供坚实的保障。

（2）通过将教学质量管理与“PDCA”循环理念有机结合，并根据学校的实际情况进行调整和完善，形成适合自己的教育教学质量“PDCA”循环管理体系。明确国家层面对职业教育人才培养的要求，并将其落实到具体的教学工作中，在保障基本教学规范的基础上，结合地方经济特点和行业需求，征求专业审核人员的意见和建议，并与国家相关政策保持一致。制定教学标准后，还应严格执行和监控，不断改善和提高教学质量，以培养适应地方就业市场和经济发展需要的优秀人才。通过这样的努力，学校可以更好地满足社会需求，培养出具备竞争力和创新能力的毕业生，为地方经济的持续发展作出积极贡献。

（3）通过建立一个教学质量信息网络，建立多条反馈渠道，支持多方反馈评价体系，及时发现问题、及时研究决策，采取预防措施加以调控就能防患于未然，稳定地提高教学质量。例如，通过毕业生信息反馈，了解学校的人才培养与社会用人需求有何不同，再对培养方案进行调整；教师通过学生的教学信息反馈调整教学方式、教学环节，学校通过生源信息反馈调整招生政策等。

（4）通过采取不断完善本科应用型人才培养机制、完善应用型人才培养方案、培养应用型人才实践能力、创新应用型人才教学方式等措施，在面向地方的同时还要面向世界，根据行业发展和社会需求的不断变化及时调整策略，增强学校的自适应力，加强国际交流，及时掌握国际动态。使教育体系更有可能培养出更具综合素养的人才，使其更好地适应社会和职业的发展需求。这一教育改革不仅对学生个体发展有益，也为社会培养更具创新力和实践能力的人才作出了积极贡献。

8.2 展望

尽管笔者在研究过程中注意到了许多因素，但由于本科生教育质量保障体系是个很庞大、很复杂的研究范畴，影响它的要素很多，研究中一一顾及是很困难的，而且实施效果的好坏也受很多因素的影响，既有来自社会外部的影响，又受制度、人力、物力等主客观因素的制约，评价尺度不易掌握。笔者深深地感到自身知识的匮乏和有限，所作的研究浅薄不周。笔者深刻认识到要将通信工程类专业建设成具有鲜明特色、在同类院校中有较大影响、在社会上有较好声誉的专业，要实现为地方通信和信息行业培养大批优秀的、高素质的高等信息技术应用型人才的目标，其本科生教育质量保障体系的思路和对策还有待进一步的研究与完善。在今后的工作中笔者将加强理论学习，对本研究提出的对策进行更加深入的实证调研，并增加人才培养的研究要素，不断完善本研究，为该专业的改革与发展献计献策。有待具体改进和完善的本科教育质量保障体系内容如下：

（1）引入更多创新的教学方法，如项目驱动学习、实践性课程等，可以更好地培养学生的实际能力，使他们更好地适应不断变化的工作环境，提高他们的就业竞争力。这需要教育工作者持续地探索和尝试新的教学方法，同时不断地更新和改进教学策略和方法。

（2）加强不同学科之间的合作与交流，促进学科交叉，使学生能够更全面地理解问题和现象。这不仅有助于拓展学生的知识广度，还有助于使其形成更为完整的认知体系。与此同时，通过与其他学科的教师和同学互动，学生能够更清晰地了解各学科的特点和应用领域，有助于更好地规划自己的学业和职业发展，使其具备更强大的解决问题能力和创新能力。

（3）推动国际化办学，通过积极促进学校与国际高校的紧密合作，不仅可以为学生提供更为广泛的学术资源，还能搭建更为开放的学术交流平台，从而推动学术研究和知识创新的不断发展。

参考文献

[1] 罗方述. 教育强国内涵表征及其建设路径研究 [J]. 中国高校社会科学, 2024.

[2] 彭科, 熊浩, 何沙, 等. 对比民航发展规划分析判断民航发展趋势 [J]. 管理工程师, 2022, 27 (4).

[3] 王国钰. 5G 引领发展助力民航强国建设 [J]. 网信军民融合, 2021.

[4] 中国民用航空局. 中国民航航空器追踪监控体系建设实施路线图 [J]. 民航管理, 2017.

[5] 孔宣皓. 我国通信工程专业的现状与发展 [J]. 中国新通信, 2018.

[6] 杨絮, 殷明明, 曲朔欧. 通信工程专业课程与“双创”教育融合的教学改革研究 [J]. 黑龙江教育 (高教研究与评估), 2024.

[7] 王鸿, 曹原, 赵海涛. “双一流”建设高校通信工程专业产教融合改革与实践 [J]. 高教学刊, 2024.

[8] 王群. 高校工程教育融入创新创业人才培养的研究与实践 [J]. 创新与创业教育, 2017.

[9] 罗亚. 高质量发展背景下“双师型”教师教学创新团队建设困境与路径 [J]. 职业技术教育, 2024.

[10] 杨航, 李丹彤. 数字经济时代高校复合型创新人才培养探究 [J]. 对外经贸, 2024.

[11] 鹿平. 浅析外语学科大类招生——以中国矿业大学外国语言文化学院为例 [J]. 英语广场, 2021.

[12] 崔冰一, 魏晓东. 新时代通信领域人才培养模式探讨——以吉林大学通信工程学院本科教育为例 [J]. 大学 (研究版), 2019.

[13] 龙宇航. 对高校本科教育教学质量保障措施的思考 [J]. 长春工业大学学报 (高教研究版), 2011.

[14] 刘思晴，吴向明. 英国学位学徒制标准制定、质量保障措施及对我国的启示 [J]. 教育与职业，2023.

[15] 蒋江林. 基于成果导向的课程评价体系设定因素分析 [J]. 大众投资指南，2019.

[16] 孔德鸿. 新工科工程教育理念下过程控制课程实验教学研究 [J]. 山西青年，2024.

[17] 孙海欣，张猛. 面向工程教育认证的地方高校通信工程专业课程体系建设 [J]. 长春大学学报，2020.

[18] 王宁. 大学教育管理体制中的人性化管理分析 [J]. 智库时代，2019.

[19] 马妍，王童，何小松，等. 应用型背景下环境工程专业本科教学的改革 [J]. 教育现代化，2020.

[20] 李秀玲. 高校毕业生就业质量指标评价体系构建与分析 [J]. 牡丹江师范学院学报（自然科学版），2020.

[21] 金莉，刘粉，马龙，等. 基于可拓层次分析法的课程教学质量评价模型构建与应用 [J]. 合肥师范学院学报，2021.

[22] 鞠晨，奚培锋，李亚楠. 电动汽车充电站选址的多层次模糊综合评估方法 [J]. 现代建筑电气，2024.

[23] 蔡立锋. 技能型社会背景下职业教育产业学院评价指标体系的构建研究 [J]. 汽车维护与修理，2024.

[24] 杨琳丽，王丽娟，杨立斌，等. 构建学生教学信息反馈与处理系统完善高校教学质量监控体系 [J]. 医学教育管理，2020.

[25] 华晔. 高职院校教学质量控制与教师发展的关系以及管理应用探索 [J]. 公关世界，2024.

[26] 田迪，杨续昌. 教育教学质量对本科生就业及职业发展的影响研究 [J]. 湖北经济学院学报（人文社会科学版），2024.

[27] 李晓华. OBE 理念下应用型本科人才培养机制的研究——以食品科学与工程专业为例 [J]. 现代食品，2024.

[28] 李强，李蓓，冯威武，等. 一流本科教育视域下应用型拔尖创新人才培养路径研究 [J]. 科教文汇，2024.

[29] 刘玢妤. 提出到 2035 年建成航空运输强国 [N]. 中国交通报，2024-03-15 (005).

［30］韦安强. 智慧机场建设中的政府监管问题研究［D］. 北京：北京邮电大学，2023.

［31］曾小方. 高中数学课程思政教学评价指标体系构建与实施策略研究［D］. 黄冈：黄冈师范学院，2024.

［32］张帅帅. 基于全面质量管理理论的高校教学质量保障路径研究［D］. 石家庄：河北科技大学，2021.

［33］Lubis R, Dewi R, Sihotang D O, et al. Urgency of Internal Quality Guarantee System to Improve Higher Education Quality［C］//The 5th Annual International Seminar on Transformative Education and Educational Leadership (AISTEEL 2020). Atlantis Press, 2020.

［34］Gao Y, Song Y. Research on the interactive relationship between information communication technology and manufacturing industry［J］. Cluster Computing, 2019.

［35］Dave G, Choudhary G, Sihag V, et al. Cyber security challenges in aviation communication, navigation and surveillance［J］. Computers & Security, 2022.

［36］Xiangmin G, Renli L Y U, Hongxia S H I, et al. A survey of safety separation management and collision avoidance approaches of civil UAS operating in integration national airspace system［J］. Chinese Journal of Aeronautics, 2020.

［37］Rizzi C. The Fast Economic Growth in China Will Favor the Development of Commercial and General Aviation［M］//The Impact Of COVID-19 on World Aviation Industry: Challenges and Opportunities, 2022.

［38］Li R, Zheng S, Wang E, et al. Advances in BeiDou Navigation Satellite System (BDS) and satellite navigation augmentation technologies［J］. Satellite Navigation, 2020.

［39］Reis A, Siddiqi A, de Weck O. Evolution stages of aircraft manufacturing firms［J］. Systems Engineering, 2019.

［40］Peng R, Liu G, Sun J, et al. Construction of practical teaching system for communication engineering specialty based on engineering certification requirements［J］. Open Journal of Social Sciences, 2022.

［41］Aburas A A, Rustempasic I, Muhic I, et al. New Proposed Structure for Communication Engineering Curriculum［C］//2012 IX International Symposium on Telecommunications (BIHTEL). IEEE, 2012.

[42] Danilova E A, Pudlowski Z J. Engineering education reform: the imperatives for ensuring its quality and outcomes [J]. World Transactions on Engineering and Technology Education, 2007.

[43] Bayerlein L. Students' feedback preferences: how do students react to timely and automatically generated assessment feedback? [J]. Assessment & Evaluation in Higher Education, 2014.

[44] Mulliner E, Tucker M. Feedback on feedback practice: perceptions of students and academics [J]. Assessment & Evaluation in Higher Education, 2017.

[45] Yin Z, Wu Z, Li D, et al. Research on the talents education scheme based on integration of science and education for information and communication engineering[J]. International Journal of Information and Education Technology, 2022.

[46] MacDonald L, Thomas E, Javernick-Will A, et al. Aligning learning objectives and approaches in global engineering graduate programs: Review and recommendations by an interdisciplinary working group[J]. Development Engineering, 2022.

[47] Jing'ai L, Weiqing L. Research on talent training model of new applied undergraduate colleges[J]. International Journal of Information and Education Technology, 2019.

[48] Nodine T R. How did we get here? A brief history of competency-based higher education in the United States [J]. The Journal of Competency-Based Education, 2016.

[49] Tian M, Lu G, Li L. Assessing the quality of undergraduate education for international students in China: A perspective of student learning experiences [J]. ECNU Review of Education, 2022.

[50] Broady-Preston J. Professional education, development and training in a Web 2.0 environment: A case study of the UK [J]. New Library World, 2009.

[51] Kirkpatrick I, Aulakh S, Muzio D. The evolution of professionalism as a mode of regulation: evidence from the United States [J]. Work, Employment and Society, 2023.

[52] O'Halloran C, Hean S, Humphris D, et al. Developing common learning: the new generation project undergraduate curriculum model [J]. Journal of Interprofessional Care, 2006.

[53] Lv W. A comparative study on the training mode of postgraduates majo-

ring in higher education between China and America [J]. Transactions on Comparative Education, 2023.

[54] Banerjee J, Wall D. Assessing and reporting performances on pre-sessional EAP courses: Developing a final assessment checklist and investigating its validity [J]. Journal of English for Academic Purposes, 2006.

[55] Seyfried M, Pohlenz P. Assessing quality assurance in higher education: quality managers' perceptions of effectiveness [M] //Impact Evaluation of Quality Management in Higher Education. Routledge, 2020.

[56] Xue C, Yang T, Umair M. Approaches and reforms in undergraduate education for integration of major and general education: a comparative study among teaching, teaching-research and research universities in China [J]. Sustainability, 2023.

[57] Andrews T C, Speer N M, Shultz G V. Building bridges: a review and synthesis of research on teaching knowledge for undergraduate instruction in science, engineering, and mathematics[J]. International journal of STEM education, 2022.

[58] Bililign S, Schimmel K, Roop J P, et al. A university without departments and colleges: a new structure to strengthen disciplinary and interdisciplinary education and research [J]. Int J Innov Educ Res, 2015.

[59] Hancock L M, Hollamby M J. Assessing the practical skills of undergraduates: The evolution of a station-based practical exam [J]. Journal of chemical education, 2020.

[60] Liu X P, Li Q Q, Zhong Y Z, et al. The construction and practice of humanistic care teaching model based on 5C care theory [J]. Nurs Commun, 2024.

[61] Zhang M, Zhu L. Training Mode of Individualized Skilled Talents Based on Electronic Communication Specialty [C] //Data Processing Techniques and Applications for Cyber-Physical Systems (DPTA 2019). Springer Singapore, 2020.

[62] Wang D, Sun Y, Jiang T. The assessment of higher education quality from the perspective of students through a case study analysis [J]. Frontiers of Education in China, 2018.

[63] Zhu L. Research and application of AHP-fuzzy comprehensive evaluation model [J]. Evolutionary Intelligence, 2022.

[64] Ho W, Ma X. The state-of-the-art integrations and applications of the

analytic hierarchy process [J]. European Journal of Operational Research, 2018.

[65] Emrouznejad A, Ho W. Fuzzy analytic hierarchy process [M]. CRC Press, 2017.

[66] Cui Y, Wang L, Li L. Application of subjective and objective empowerment in evaluation of ideological and political distance learning online teaching [J]. EAI Endorsed Transactions on Scalable Information Systems, 2023.

[67] Hansen H F. Choosing evaluation models: a discussion on evaluation design [J]. Evaluation, 2005.

[68] Chen J F, Hsieh H N, Do Q H. Evaluating teaching performance based on fuzzy AHP and comprehensive evaluation approach [J]. Applied Soft Computing, 2015.

[69] Hidayah A, Syahrani S. Internal quality assurance system of education in financing standards and assessment standards [J]. Indonesian Journal of Education (INJOE), 2022.

[70] Schweig J D. Using student ratings of teaching quality in feedback and evaluation: An overview of policy and practice [J]. Quo vadis Forschung zu Schülerrückmeldungen zum Unterricht: Konzeptionelle Überlegungen und empirische Befunde zu Chancen und Herausforderungen, 2021.

[71] Lake N, Holt J. Designing quality engineering curricula to produce industry ready graduates: a whole of course approach [J]. Ensuring Quality in Professional Education Volume II: Engineering Pedagogy and International Knowledge Structures, 2019.

[72] Chen C Y, Chen P C, Chen P Y. Teaching quality in higher education: An introductory review on a process-oriented teaching-quality model [J]. Total Quality Management & Business Excellence, 2014.

[73] Haughney K, Wakeman S, Hart L. Quality of feedback in higher education: A review of literature [J]. Education Sciences, 2020.